高职高专"十四五"规划教材

冶金工业出版社

泵与风机运行检修

主　编　任俊英　崔元媛

副主编　吴晓娜　张海涛

主　审　贾志军　甄发勇

扫码查看数字资源

北　京

冶 金 工 业 出 版 社

2024

内 容 提 要

本书以项目形式详细介绍了泵与风机构造及原理、泵与风机性能、泵与风机运行与调节、泵与风机检修等相关内容。针对泵与风机运行检修岗位人员的能力及素质要求，在基本知识及技能介绍的基础上，本书重点阐述了泵与风机在运行及检修工作过程中的操作规范及标准要求等，并辅以相关动画帮助学生理解新知识和新技术，提高新技能。

本书为高职高专院校热能动力工程技术类专业的专业课教材，也可作为相关专业工程技术人员的参考书。

图书在版编目（CIP）数据

泵与风机运行检修/任俊英，崔元媛主编 . --北京：冶金工业出版社，2024.2

高职高专"十四五"规划教材

ISBN 978-7-5024-9767-5

Ⅰ.①泵… Ⅱ.①任… ②崔… Ⅲ.①泵—高等职业教育—教材②鼓风机—高等职业教育—教材 Ⅳ.①TH3 ②TH44

中国国家版本馆 CIP 数据核字（2024）第 027302 号

泵与风机运行检修

出版发行	冶金工业出版社	**电　话**	（010）64027926
地　址	北京市东城区嵩祝院北巷 39 号	**邮　编**	100009
网　址	www.mip1953.com	**电子信箱**	service@ mip1953.com

责任编辑　高　娜　美术编辑　彭子赫　版式设计　郑小利
责任校对　梅雨晴　责任印制　禹　蕊
北京印刷集团有限责任公司印刷
2024 年 2 月第 1 版，2024 年 2 月第 1 次印刷
787mm×1092mm　1/16；12 印张；291 千字；186 页
定价 45.00 元

投稿电话　（010）64027932　投稿信箱　tougao@cnmip.com.cn
营销中心电话　（010）64044283
冶金工业出版社天猫旗舰店　yjgycbs.tmall.com
（本书如有印装质量问题，本社营销中心负责退换）

前　言

本书根据火力发电厂检修及运行岗位对高素质技术技能人才的职业能力和素质要求，结合热能动力类专业对"泵与风机运行检修"课程的教学要求编写而成。全书内容力求突出针对性和实用性。

本书主要内容包括泵与风机构造及原理认知、泵与风机性能分析、泵与风机运行与调节、泵与风机检修四个项目。以介绍叶片式泵与风机为主，阐述其工作原理、结构、性能，同时结合其在火力发电厂中的实际应用情况，介绍泵与风机在运行检修和节能等方面的有关知识。

本书由内蒙古机电职业技术学院任俊英和崔元媛任主编，吴晓娜和张海涛任副主编，李晶参加编写。其中，张海涛编写项目一；任俊英编写项目二的任务一及任务二，项目三中任务一、任务二、任务三；吴晓娜编写项目二和项目三的其他部分；崔元媛编写项目四，李晶编写项目一及项目四的拓展任务。任俊英负责统稿。本书由内蒙古机电职业技术学院贾志军和北方联合电力公司甄发勇担任主审。

本书在编写过程中，参考了相关文献资料，在此对文献资料的作者表示感谢。

由于编者水平所限，书中疏漏和不妥之处在所难免，敬请广大读者批评指正。

编　者
2023 年 10 月

目　录

项目一　泵与风机构造及原理认知

【学习目标】

素质目标

（1）具有一定的工程素养。

（2）具备一定分析能力。

知识目标

（1）学习泵与风机的分类。

（2）学习各种类型泵与风机的工作原理。

（3）学习常见的离心泵整体结构。

（4）学习离心式泵与风机的基本构造及各部件的作用。

（5）学习轴流式泵与风机的基本构造及各部件的作用。

（6）熟悉常见的叶片式泵与风机的结构。

能力目标

（1）能够正确对泵与风机进行分类。

（2）掌握并能够分析各种类型泵与风机的工作原理。

（3）能够说明单级单吸悬臂式离心泵、单级双吸中开式离心泵、多级单吸分段式离心泵的构造特点、作用及性能特点。

（4）掌握离心式、轴流式泵与风机的基本构造及各部件的作用。

（5）能分析、说明离心式、轴流式泵与风机的构造特点及其作用。

（6）能看懂泵与风机结构图。

任务一　泵与风机及其在发电厂中的作用

泵与风机是将原动机的机械能转换成流体机械能，以达到输送流体或造成流体循环流动等目的的机械。通常把提高液体机械能的机械称为泵，把提高气体机械能的机械称为风机。

泵与风机是在国民经济各部门中都广泛应用的机械。例如，农业中的排涝、灌溉，石油工业中的输油和注水，化学工业中高温腐蚀性流体的排送，其他工业和人们日常生活中的采暖通风、给水排水等都离不开泵或风机。据统计，在全国的总用电量中，有30%左右是泵与风机耗用的，其中泵的耗电占20%左右。由此可见，泵与风机在我国国民经济建设中的地位和作用。

在火力发电厂中，泵与风机成为系统中必不可少的重要辅助设备。不同类型的泵分别用于输送给水、凝结水、冷却水、疏水、润滑油等液体；各种类型的风机则分别用于输送空气、烟气、煤粉空气混合物等介质。它们与其他热力、电力设备有机地组成火力发电厂的生产系统，实现电力生产热力循环，共同完成电能生产的任务。

图 1-1 是热力发电厂系统简图。其中，锅炉、汽轮机和发电机是电能生产的主要设备。电力生产的基本过程是：燃料在锅炉炉膛中燃烧产生的热量将给水加热成为过热蒸汽；过热蒸汽进入汽轮机膨胀做功，推动汽轮机转子旋转带动发电机发电；做功的蒸汽排入凝汽器冷却成凝结水，凝结水由凝结水泵升压，通过除盐装置、低压加热器后进入除氧器；除氧之后的水再由前置泵、给水泵升压，经高压加热器、省煤器后送入锅炉重新加热成为过热蒸汽。

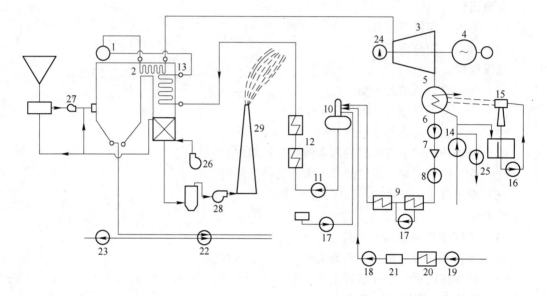

图 1-1　热力发电厂系统简图

1—锅炉汽包；2—过热器；3—汽轮机；4—发电机；5—凝汽器；6—凝结水泵；7—除盐装置；8—升压泵；
9—低压加热器；10—除氧器；11—给水泵；12—高压加热器；13—省煤器；14—循环水泵；15—射水抽气器；
16—射水泵；17—疏水泵；18—补水泵；19—生水泵；20—生水预热器；21—化学水处理设备；22—渣浆泵；
23—灰渣泵；24—油泵；25—工业水泵；26—送风机；27—排粉风机；28—引风机；29—烟囱

从图 1-1 中可以看出，电力生产过程中，需要许多泵与风机同时配合主要设备工作，才能使整个机组正常运行。例如，炉膛燃烧所需的煤粉需要排粉风机或一次风机送入；燃料燃烧所需要的空气需要送风机送入；炉内燃料燃烧后的烟气需要引风机排出；向锅炉供水需要给水泵；向汽轮机凝汽器输送冷却水需要循环水泵；排送凝汽器中的凝结水需要凝结水泵；排送热力系统中的某些疏水需要疏水泵；为了补充管路系统的汽水损失，又需要补给水泵；排除锅炉燃烧后的灰渣需要灰渣泵和冲灰水泵；供给汽轮机调节、保安及轴承润滑用油需要主油泵；供各冷却器、泵、风机、电动机轴承等冷却用水需要工业水泵。此外，还有辅助油泵，交、直流润滑油泵，顶轴油泵，发电机的密封油泵，化学分场的各种水泵，汽包的加药泵，各种冷却风机等。

泵与风机在火力发电厂的热力系统中，宛如人体内的心脏，促使工质不断地在循环系统中工作。其正常运行直接影响火力发电厂的安全、经济运行。泵与风机发生故障，就有可能引起停机、停炉这样的重大事故，造成巨大的经济损失。例如，现代大型锅炉的给水泵若由于某种原因发生故障而中断给水，则锅炉将会在 1~2 min 内烧"干锅"，引发损毁设备和停炉、停机等重大事故。又如，在 1000 MW 发电厂中，泵与风机的耗电量占厂用电的 70%~80%（假定全部由电动机驱动），而厂用电一般占机组容量的 7%~10%，那么这类电厂中泵与风机消耗的功率为 49~80 MW。假如这些泵与风机的效率从 80% 降到70%，则将多消耗功率 7~11.4 MW。

由此可见，泵与风机在火电厂中起着极其重要的作用，泵与风机的安全经济运行是保证整个电厂安全经济运行的关键因素之一。因此，火力发电厂热能动力类专业的生产技术人员，必须掌握泵与风机的有关知识和相应的实践操作技能。

【综合练习】

1-1-1 什么是泵与风机？何谓泵？何谓风机？

1-1-2 泵与风机在火电厂中的作用如何？

任务二 泵与风机的分类及工作原理

【任务导入】

泵与风机作为通用机械，使用十分广泛，了解其分类及工作原理，以及结构原理的内在关系，对泵与风机的选型、运行检修及维护都十分重要。泵与风机的用途不同，要求也不一样，例如大型通风机，功耗大，要求高效率，兼顾工艺性。对小型通风机则要求满足性能及工艺性条件下尽量高效率。公共建筑所用的风机一般用来通风换气，最重要的要求就是低噪声，前弯多叶离心通风机具有此特点。锅炉用引风机则要求耐高温且叶片应具有良好的耐磨性；对一些高压风机，比转速低，其泄漏损失的相对比例一般较大。

一、泵与风机的分类

泵与风机的应用广泛，种类繁多，分类方法也有多种，下面介绍几种常用的分类方法。

（一）按产生的压头分类

泵按产生的压头可以分为：低压泵，$p < 2$ MPa；中压泵，2 MPa$< p < 6$ MPa；高压泵，$p > 6$ MPa。

风机按产生的压头可以分为：通风机，$p < 15$ kPa；鼓风机，15 kPa$< p < 340$ kPa；压气机，$p > 340$ kPa。

通风机可以分为离心通风机和轴流通风机。

离心通风机按其压力大小可以分为：低压离心通风机，$p < 1$ kPa；中压离心通风机，1 kPa$< p < 3$ kPa；高压离心通风机，3 kPa$< p < 15$ kPa。

轴流通风机按其压力大小可以分为：低压轴流通风机，$p < 0.5$ kPa；高压轴流通风机，0.5 kPa$< p < 5$ kPa。

（二）按工作原理分类

泵与风机按工作原理可分为三大类。

（1）容积式。容积式泵与风机在运转时，机械内部的工作容积周期性发生变化，从而吸入或排出流体。按其结构不同，可再分为：

1）往复式。这种机械借助活塞在汽缸内的往复作用使缸内容积反复变化，以吸入和排出流体，如活塞泵等。

2）回转式。机壳内的转子或转动部件旋转时，转子与机壳之间的工作容积发生变化，借以吸入和排出流体，如齿轮泵、螺杆泵等。

（2）叶片式。叶片式泵与风机的主要结构是可旋转的、带叶片的叶轮和固定的机壳。通过叶轮的旋转对流体做功，从而使流体获得能量。根据流体的流动情况，可将叶片式泵与风机再分为离心式、轴流式、混流式等。

（3）其他形式。包括根据工作原理不能归入容积式和叶片式的各种泵与风机，如喷射泵、水锤泵、气泡泵、真空泵等。

上述各种类型的泵与风机还可以按结构形式的不同进一步细分，如图1-2所示。

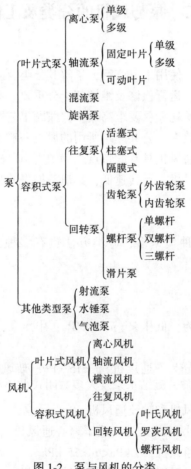

图1-2　泵与风机的分类

（三）按生产中的作用分类

在火力发电厂中，还常按泵与风机在生产中的作用不同进行分类，如给水泵、凝结水泵、循环水泵、疏水泵、灰渣泵、送风机、引风机、排粉风机等。

二、泵与风机的工作原理

(一) 离心式泵与风机

如图 1-3 所示，当离心泵内分别充满了液体时，只要原动机带动它们的叶轮旋转，则叶轮中的叶片就对其中的流体做功，迫使它们旋转。旋转的流体将在惯性离心力作用下，从中心向叶轮边缘流去，其压力不断增高，最后以很高的速度流出叶轮进入泵壳内，若此时开启出口阀门，流体将由压出管排出，这个过程称为压出过程。这是流体在泵中唯一能获得能量的过程。与此同时，由于叶轮中心的流体流向边缘，在叶轮中心形成了低压区，当它具有足够低的压力或具有足够的真空时，流体将在吸水池液面压力（一般是大气压）作用下经过吸入管进入叶轮，这个过程称为吸入过程。叶轮不断旋转，液体就会不断地被压出和吸入，形成了离心泵的连续工作。

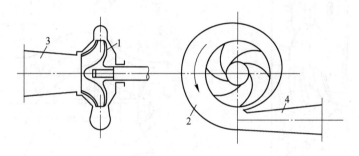

图 1-3　离心泵示意图
1—叶轮；2—泵壳；3—吸入管；4—压出管

应当指出，离心泵启动前必须先充满所输送的液体，排出泵内的空气。若启动前不向泵内灌满液体，当叶轮旋转时，由于空气的密度比液体的密度小得多，空气就会聚集在叶轮的中心，不能形成足够的真空，破坏了泵的吸入过程，导致泵不能正常工作。

离心风机的工作原理和工作过程与离心泵相同，分析略。

离心式泵与风机和其他形式相比，具有效率高、性能可靠、流量均匀、易于调节等优点，特别是可以制成各种压力及流量的泵与风机以满足不同的需要，所以应用最为广泛。不足之处是扬程受流量的制约，另外，离心泵启动前还需要灌泵。

在火力发电厂中，给水泵、凝结水泵及大多数闭式循环水系统的循环水泵等都采用离心泵，送风机、引风机等也大多采用离心风机。

(二) 轴流式泵与风机

如图 1-4 所示，当原动机驱动浸在流体中的叶轮旋转时，轮内流体就相对叶片作绕流运动，根据升力定理和牛顿第三定律可知，绕流流体会对叶片作用一个升力，而叶片也会同时给流体一个与升力大小相等方向相反的反作用力，称为推力。这个叶片推力对流体做功，使流体的能量增加，并沿轴向流出叶轮，经过导叶等，进入压出管路。与此同时，叶轮进口处的流体被吸入。只要叶轮不断地旋转，流体就会源源不断被压出和吸入，形成轴流式泵与风机的连续工作。

轴流式泵与风机适用于大流量、低压头的管道系统选用。其具有结构紧凑、外形尺寸小、重量轻等优点，但其产生的压头低且其工作稳定性较离心泵差。动叶可调式轴流风机还具有变工况性能好、工作范围大等优点，因而其应用范围正随电站单机容量的增加而扩大，大多用作大型电站的送、引风机。

（三）混流式泵与风机

图 1-5 为混流泵示意图。这种泵与风机因流体是沿介于轴向与径向之间的圆锥面方向流出叶轮的，故混流式也称为斜流式。混流式泵与风机是部分利用叶型升力、部分利用惯性离心力的作用，故其兼有离心式与轴流式泵与风机的工作原理，其工作特点也介于离心式和轴流式之间。

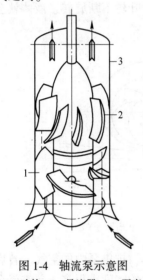

图 1-4 轴流泵示意图

1—叶轮；2—导流器；3—泵壳

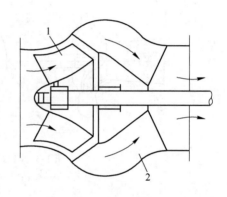

图 1-5 混流泵示意图

1—叶轮；2—导叶

混流泵的流量较离心泵大，压头较轴流泵高，在火力发电厂的开式循环水系统中，常用作循环冷却水泵。

（四）往复式泵与风机

往复式泵与风机是依靠工作部件的往复运动间歇改变工作室内的容积来输送流体的。往复泵又分为活塞泵、柱塞泵和隔膜泵三种，如图 1-6 所示。

下面以图 1-7 为例，说明往复泵的工作原理。当活塞在泵缸内自最左位置向右移动时，工作室的容积逐渐增大，工作室内的压力降低，压出阀关闭，吸入工质在压力差作用下顶开吸入阀，工质进入工作室，直至活塞移到最右位置为止，此过程为吸入过程。当活塞开始向左方移动，工作室中工质在活塞挤压下，获得能量，压强升高，并压紧吸入阀，顶开压出阀，工质由压出管路输出，直至活塞移到最左位置为止，此过程为压出过程。活塞在曲柄连杆的带动下，不断地做上述往复运动，泵的吸入、压出过程就能连续不断地交替进行，从而形成了往复泵的连续工作。由于往复泵在每个工作周期（活塞往复一次）内排出的液体量是不变的，故又称为定排量泵。

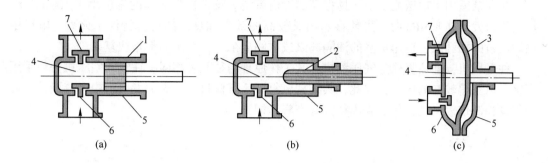

图 1-6　往复泵示意图

（a）活塞泵；（b）柱塞泵；（c）隔膜泵

1—活塞；2—柱塞；3—隔膜；4—工作室；5—泵缸；6—吸入阀；7—压出阀

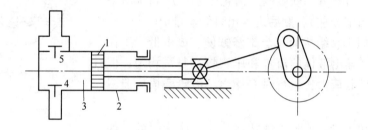

图 1-7　单作用往复泵示意图

1—活塞；2—泵缸；3—工作室；4—吸入阀；5—压出阀

以上介绍的是最简单的单作用往复泵，工程实用的是双作用往复泵，如图 1-8 所示。由于双作用往复泵活塞两边都工作，因而活塞的受力及输送工质的情况都比单作用往复泵平稳。

往复泵的工作特点：（1）输出流量和能头不稳定；（2）输出流量的大小只与原动机的转速、活塞的直径及行程（活塞极左位置到极右位置间的距离）有关；（3）产生的扬程仅取决于管道系统所需的能量，而与流量无关。因此，往复泵的压出管路上需装设限压阀，以防压出管道阻塞（或阀门关死）引起超压而损坏设备。

往复泵的优点：（1）提供的能头可满足用户的任意需求；（2）具有自吸能力；（3）小流量高能头时效率比离心泵高；（4）启动简单，运行方便。

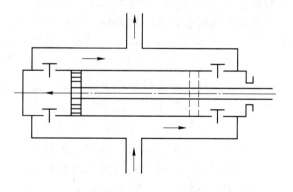

图 1-8　双作用往复泵示意图

往复泵的缺点：（1）输出流量和能头不稳定；（2）外形尺寸大，结构复杂，造价高；（3）易损零件较多，维修不便；（4）调节较复杂。

往复泵适用于输送流量小、扬程高的管道系统。特别是当液体的流量小于 100 m³/h、排出压力大于 9.8 MPa 时，更能显示出其较高的效率和良好的运行特性。火力发电厂中锅炉汽包的加药泵、输送灰浆的油隔离泵或水隔离泵等，采用的都是往复泵。

往复风机，即往复式空气压缩机，其工作原理与往复泵相同。往复式空压机一般采用多级，以获得较高的压头，因此，其结构较复杂，维修量大。火力发电厂中向一般动力源和气动控制仪表供气，较少采用往复式空气压缩机。

（五）齿轮泵

齿轮泵具有一对互相啮合的齿轮，通常用作供油系统的动力泵。如图 1-9 所示，齿轮 1（主动轮）固定在主动轴上，轴的一端伸出泵壳外由原动机驱动，另一个齿轮 2（从动轮）装在另一个轴上，齿轮旋转时，液体沿入口管 4进入吸入空间，沿上下壳壁被两个齿轮分别挤压到排出空间汇合（齿与齿啮合前），然后进入出口管 5 排出。

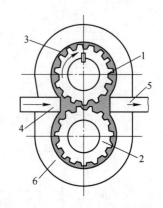

图 1-9　齿轮泵工作示意图
1—主动轮；2—从动轮；3—工作室；
4—入口管；5—出口管；6—泵壳

齿轮泵体积小、结构简单、维修方便、成本低，工作可靠且能自吸，输出液体的流量和压头较往复泵均匀；但其效率低、轴承载荷大，运行时有噪声，齿轮磨损后泄漏量较大。

齿轮泵应用广泛，适合于输送流量小、压头较高且黏度较大的液体。它一般用于润滑油系统。火电厂中，齿轮泵常用作小型汽轮机的主油泵，以及电动给水泵、锅炉送引风机、磨煤机等的润滑油泵。

（六）螺杆泵

螺杆泵也属于容积式回转泵。它与齿轮泵的相似之处是利用类似齿廓的螺纹之间相互分开和啮合来吸入和压出液体。不同的是螺杆泵用两根或两根以上的螺杆，而不是用一对齿轮来工作。其工作原理如图 1-10 所示，当主动螺杆在原动机带动下旋转时，靠近吸入室一端的啮合螺纹将定期打开，使容积增大，压力降低，液体流进吸入室充满打开的螺纹槽内，并随着螺纹的啮合在推挤作用下沿轴向移动，这种移动与螺母沿旋转螺杆做轴向移动相似，一直挤压至压出室而排出。

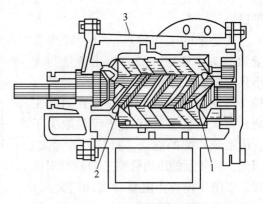

图 1-10　螺杆泵工作示意图
1—主动螺杆；2—从动螺杆；3—泵壳

螺杆泵比齿轮泵的效率更高，可达 70%～80%；流量和压头脉动小，并且流量的适用范围也较广；结构简单紧凑且不易磨损；工作可靠且能自吸；可以实现与高速原动机直连，工作时噪声低。但是由于螺杆泵齿形复杂，加工较难，以致造价较高。螺杆泵适用于输送压头要求高、黏性大和含固体颗粒的液体。在火力发电厂中，它可用来输送润滑油和燃油，也可作为中小型汽轮机的主油泵。

应当指出，齿轮泵和螺杆泵也属于定排量泵，其流量和扬程的特点类似往复泵，故其压出端也需装限压阀。

螺杆式空气压缩机的结构和工作原理与螺杆泵相同。螺杆式空压机与往复式空压机比较，不存在往复惯性力和力矩，所以转速高、基础小、重量轻、震动小、运转平稳，并且输气均匀、压力脉动小；它没有活塞式空压机中的活塞和高频振动的进、排气阀，故结构简单，零部件少，没有易损件，运转可靠性高，使用寿命长。但其转子加工困难需要专用设备，造价高；相对运动的机件之间密封问题较难满意解决。另外，由于转速高，加之工作容积与吸、排气孔口周期性地通断产生较为强烈的空气动力高频噪声，需采取特殊的减噪消声措施。基于螺杆式的优点，火力发电厂中向动力源和气动控制仪表供气的空气压缩机房，一般采用的是螺杆式空气压缩机。

（七）罗茨风机

罗茨风机也是一种容积式回转风机，如图 1-11 所示，它由两个外形是渐开线的"8"字形转子组成。转子被装在轴末端的一对齿轮带动而作同步反向旋转。其工作原理与齿轮泵相似，是依靠两个"8"字形转子的打开和啮合来间歇改变工作室容积的大小，从而吸入和挤出气体。

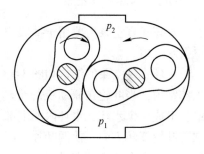

图 1-11　罗茨风机工作示意图

罗茨风机属于定排量风机，只要转子在转动，总有一定体积的气体被吸入和挤出，因此其出口压力可随出风管阻力的增大而增大。使用时，应在它的出口安装带安全阀的储气罐，以保证其出口压力稳定并防止超压。

罗茨风机重量轻、价格便宜、使用方便，虽然存在运行中磨损严重、噪声大的缺点，但仍用作火力发电厂气力除灰的送风设备。

（八）喷射泵

喷射泵也称为射流泵，是一种没有任何运动部件，完全依靠能量较高的工作流体来输送流体的泵，其结构如图 1-12 所示。其工作原理是高压工作流体经压力管路引入喷射泵的喷嘴后，降压升速以高速喷出，从而携带走喷嘴附近的流体，使混合室内形成真空。该真空将被输送流体吸入混合室，在喷嘴附近被工作流体携带混合接受能量后，进入扩压器升压，然后经排出管排出，工作流体不断地喷射，便能不断地输送其他流体。

喷射泵的工作流体可以是高压蒸汽，也可以是高压水，被输送的流体可以是水、油或空气。当工作流体为水时，称为水喷射泵或射水抽气器；当工作流体为蒸汽时，又称为蒸汽喷射泵或蒸汽抽气器。

喷射泵的优点是无运动部件、不易堵，结构紧凑，耐用，能自吸、工作方便可靠。其不足之处是噪声大、效率低，一般为 15%~30%。

在火力发电厂中，喷射泵常用于中小汽轮机凝汽器的抽空气装置、循环水泵的启动抽真空装置、汽轮机主油泵供油的注油器等。

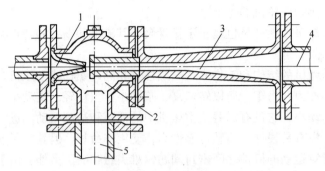

图 1-12　喷射泵工作原理示意图

1—喷嘴；2—吸入室；3—扩压管；4—压出管；5—吸入管

（九）水环式真空泵

水环式真空泵主要用于抽吸空气，特别适合大型水泵（如循环水泵等）启动时抽真空引水之用。

水环式真空泵的结构如图 1-13 所示。其工作原理是星状叶轮偏心地装置在圆筒形的工作室内，当叶轮在原动机的带动下旋转时，原先灌满工作室的水被叶轮甩至工作室内壁，形成一个水环，水环内圈上部与轮毂相切，下部形成一个月牙形的气室。右半个气室顺着叶轮旋转方向，使两叶片之间的空间容积逐渐增大，压力降低，因此将气体从吸气口吸入；左半个气室顺着叶轮旋转方向，使两叶片之间的空间容积逐渐减小，气体压力增大，使其从排气口排出。叶轮每旋转一周，月牙形气室使两叶片之间的空间容积周期性改变一次，从而连续地完成一个吸气过程和一个排气过程。叶轮不断地旋转，便能连续地抽排气体。

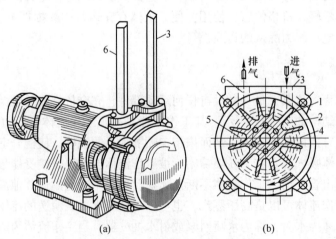

(a)　　　　　　　　　　(b)

图 1-13　水环式真空泵

（a）水环式真空泵外形；（b）水环式真空泵内部截面

1—叶轮；2—水环；3—进气管；4—吸气口；5—排气口；6—排气管

大型水环式真空泵的工作系统主要由真空泵、汽水分离器及冷却器等组成。由于泵工作时可得到的最大真空度取决于密封水温度所对应的汽化压力，因此，有的水环式真空泵在进口管道上还串联了一级前置抽气器以进一步提高真空度。

水环式真空泵结构简单；容易制造加工；效率较喷射式高；在低真空范围内运转时，具有较高效率地抽送大量气体的能力；能与电机直连而用小的结构尺寸获得大的排气量；无阀，不怕堵塞。其不足之处在于需配置辅助系统。

水环式真空泵主要用于大型水泵启动时抽真空。大型火电厂中，水环式真空泵用来抽吸凝汽器内的空气，其真空度可高达 96% 以上，以保持凝汽器的高度真空状态。此外，火电厂负压气力除灰系统也采用了水环式真空泵。

【综合练习】

1-2-1　泵与风机的分类方法有哪几种？

1-2-2　离心泵有哪些分类方法，可以分成哪些形式？

1-2-3　离心式和轴流式泵与风机的工作原理有哪些异同之处，它们各有什么优缺点？

1-2-4　电厂中有哪些容积式泵与风机，其工作原理是什么？

任务三　离心泵的常用整体结构及其主要部件

【任务导入】

工程领域里泵的实际结构方式、品种、规格五花八门，远非可用几个典型结构加以包罗列举的。不过，大体来说各种泵也有它们的共同之处，是由叶轮及其驱动轴和刚性相连的零部件构成转子件，其中：（1）叶轮是实现机械功与液体机械能转换的核心部分；（2）壳体与相连的零部件构成静子件，其功能在于形成一个可以实现机械功与液体机械能转换的作用空间场，并且与吸入和压出管路相连，以保证液体可以不对外泄漏的通流条件，同时本身也成为安装固定的机体；（3）转子支承于静子中并且在径向和轴向保持相对运动零部件间的适当位置关系，为此必须有相应的轴承及定位、承力零件；（4）转子与静子间存在相对运动，为了防止液体从间隙处泄漏或使这种泄漏限制在一个合理的允许范围之内，必须有相应的密封件在静子与转子间形成密封体。

一、离心泵的常用整体结构

离心泵广泛应用于动力、能源、化工等国民经济的各个部门中，它的整体结构形式多样，常见整体结构形式有以下三种。

（一）单级单吸悬臂式离心泵

泵的转轴上只有一个叶轮，叶轮的吸入口在一侧，外形通常为螺旋形壳体，扬程较低。

图 1-14 所示为 IS 型单级单吸离心式清水泵，为 B 型泵的改进型。IS 型泵的叶轮装在转轴端部，为悬臂式结构；轴承装于叶轮的同一侧，轴向推力用平衡孔平衡。

（二）单级双吸中开式离心泵

泵的转轴上同样只有一个叶轮，但叶轮双侧都有吸入口，一方面是为了防止泵的转子产生轴向推力，另一方面由于液体从两侧同时进入叶轮，单侧入口的流量减少一半，叶轮入口的流速降低，压强增大，提高了泵的抗汽蚀性能。图 1-15 所示为单级双吸 S 型泵。

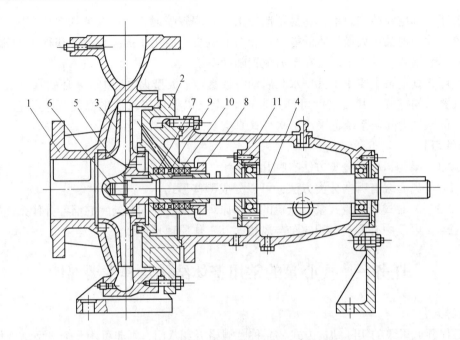

图 1-14 IS 型单级单吸离心式清水泵的结构

1—泵体；2—泵盖；3—叶轮；4—轴；5—密封环；6—叶轮螺母；

7—轴套；8—填料压盖；9—填料环；10—填料；11—悬架轴承部件

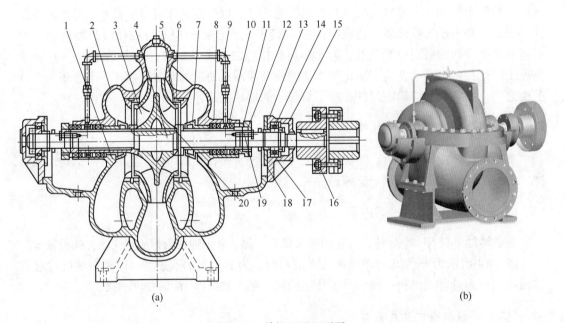

(a)　　　　　　　　　　　　　　　　　(b)

图 1-15 单级双吸 S 型泵

（a）结构；（b）外形

1—泵体；2—泵盖；3—叶轮；4—轴；5—密封口环；6—轴套；7—填料套；8—填料；9—水封管；

10—水封环；11—填料压盖；12—轴套螺母；13—轴承体；14—单列向心球轴承；15—圆螺母；

16—联轴器部件；17—轴承挡圈；18—轴承端盖；19—双头螺栓；20—键

（三）多级单吸分段式离心泵

如图1-16（a）所示，在泵的转轴上装有两个及以上的叶轮，每个叶轮的吸入口均在叶轮的一侧，液体依次通过每个叶轮，故可产生较高的扬程。多级泵的壳体通常为分段式，如图1-16（b）所示。

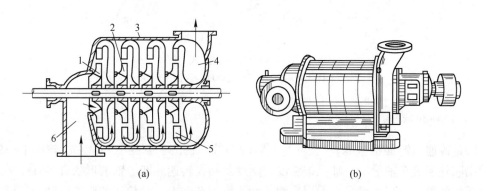

图1-16　多级单吸式离心泵
（a）结构；（b）外形
1—首级叶轮；2—次级叶轮；3—泵壳；4—压出室；5—导叶；6—吸入室

分段式多级离心泵是由若干垂直分段的中段加上前面的吸水室、后面的压出室，用8只或10只粗而长的双头螺栓拧紧组合而成的。按级分段，每段包括叶轮和导叶，各级叶轮均串联安装在同一根泵轴上。

二、离心泵的主要部件

离心泵的结构形式虽然繁多，但是由于其工作原理相同，所以它们的主要组成部件的种类及其功能基本相同。就构造的动静关系来看，泵由转体、静体及部分转体三类部件组成。转体主要包括叶轮、轴、轴套和联轴器；静体主要包括吸入室、压出室、泵壳和泵座，通常泵的吸入室和压出室与泵壳铸成一体；部分转体的部件主要包括密封装置、轴向推力平衡装置和轴承。

（一）叶轮

叶轮是将原动机输入的机械能传递给液体，提高液体能量的核心部件。其形式有封闭式、半开式及开式三种，如图1-17所示。

封闭式叶轮有单吸式及双吸式两种。封闭式叶轮由前盖板、后盖板、叶片及轮毂组成。在前后盖板之间装有叶片形成流道，液体由叶轮中心进入，沿叶片间流道向轮缘排出，一般用于输送清水。电厂中的给水泵、凝结水泵、工业水泵等均采用封闭式叶轮。

半开式叶轮只有后盖板，而开式叶轮前后盖板均没有。半开式和开式叶轮适合输送含杂质的液体，如电厂中的灰渣泵、泥浆泵。

双吸式叶轮具有平衡轴向力和改善汽蚀性能的优点。水泵叶片都采用后弯式，叶片数目为6~12片，叶片形式有圆柱形和扭曲形。

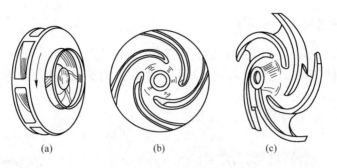

图 1-17　叶轮的形式

（a）封闭式叶轮；（b）半开式叶轮；（c）开式叶轮

（二）轴和轴套

轴是传递扭矩（机械能），使叶轮旋转的部件。它位于泵腔中心，并沿着该中心的轴线伸出腔外搁置在轴承上。轴径按强度、刚度及临界转速确定。轴的形状有等直径平轴和阶梯式轴两种。中、小型泵常采用平轴，叶轮滑配在轴上，叶轮间的距离用轴套定位。近代大型泵则常采用阶梯式轴，不等孔径的叶轮用热套法装在轴上，并利用渐开线花键代替过去的短键。采用这种方法，叶轮与轴之间没有间隙，不会使轴间窜水和冲刷，但拆装比较困难。轴的材料一般采用碳钢（35 钢或 45 钢），对大功率高压泵则采用 40 铬钢或特种合金钢，如沉淀硬化钢等。

圆筒状的轴套是保护主轴免受磨损并对叶轮进行轴向定位的部件，其材料一般为铸铁。但是，根据液体性质和温度等工作条件的不同要求，也有采用硅铸铁、青铜、不锈钢等材料的。个别情况，如采用浮动环轴封装置时，轴套表面还需要镀铬处理。

（三）吸入室

离心泵吸入管法兰至首级叶轮进口前的空间过流部分称为吸入室，其作用是在最小水力损失情况下，引导液体平稳地进入叶轮，并使叶轮进口处的流速尽可能均匀地分布。

吸入室形状设计的优劣，对进入叶轮的流体流动情况影响很大，对泵的汽蚀性能也有直接影响。根据泵结构形式的不同，吸入室可分为：

（1）直锥形吸入室。如图 1-18 所示，这种形式的吸入室水力性能好，结构简单，制造方便。液体在直锥形吸入室内流动，速度逐渐增加，因而速度分布更趋向均匀。直锥形吸入室的锥度一般为 7°~8°。这种形式的吸入室广泛应用于小型单级单吸悬臂式离心泵和某些立式离心泵。

（2）弯管形吸入室。如图 1-19 所示，是大型离心泵和大型轴流泵经常采用的形式。这种吸入室在叶轮前都有一段直锥式收缩管，因此，它具有直锥形吸入室的优点。

（3）环形吸入室。如图 1-20 所示，吸入室各轴面内的断面形状和尺寸均相同。其优点是结构对称、简单、紧凑，轴向尺寸较小。缺点是存在冲击和旋涡，并且流体速度分布不均匀。环形吸入室主要用于分段式多级泵。

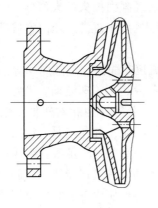

图 1-18　直锥形吸入室

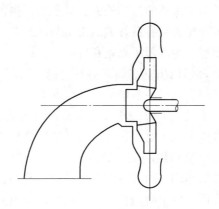

图 1-19　弯管形吸入室

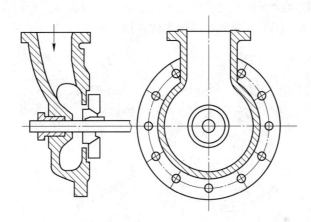

图 1-20　环形吸入室

（4）半螺旋形吸入室。如图 1-21 所示，半螺旋形吸入室可使液体流动产生旋转运动，由于液体环量存在而绕泵轴转动，致使液体进入叶轮吸入口时速度分布也更均匀了，但因进口预旋会致使泵的扬程略有降低，其降低值与流量是成正比的。半螺旋形吸入室主要用于单级双吸式离心泵、水平中开式多级离心泵、大型的分段式多级离心泵及某些单级悬臂式离心泵。

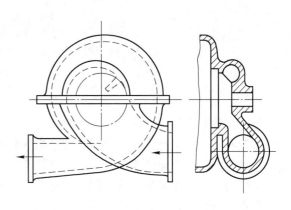

图 1-21　半螺旋形吸入室

（四）压出室

压出室是指叶轮出口到泵出口法兰（对节段式多级泵是到后级叶轮进口前）的过流部分。其作用是收集从叶轮流出的高速液体，并将液体的大部分动能转换为压力能，然后引入压水管道。压出室的结构要求为：（1）以最小的流动损失收集并引导流体至压水管；（2）降低流速，实现部分动能向压力能的转换。

　　压出室中液体的流速较大，其阻力损失占泵内的流动阻力损失的大部分。所以对于良好性能的叶轮必须有良好的压出室与之配合，使整个泵的效率提高。压出室按结构可分为环形压出室、螺旋形压出室和导叶式压出室。

　　（1）环形压出室。如图1-22（a）所示，其室内流道断面面积沿圆周相等，而收集到的流体量却沿圆周不断增加，故各断面流速不相等，室内是不等速流动。因此，不论泵是否在设计工况下工作，环形工作室总有冲击损失存在，其效率也相对较低，但它加工方便。这种压出室主要用在分段式多级泵或输送含杂质多的泵，如灰渣泵、泥浆泵等。

　　（2）螺旋形压出室。如图1-22（b）所示，通常由蜗室加一段扩散管组成。它不仅起收集液体的作用，同时在螺旋形的扩散管中将部分液体动能转换成压能。螺旋形压出室具有制造方便、效率高的特点，螺旋形压出室的效率高于环形压出室，它广泛用于单级单吸离心泵、单级双吸离心泵和多级水平中开式离心泵。其缺点是单蜗壳泵在非设计工况下运行时，蜗室内液流速度会发生变化，使室内等速流动受到破坏，作用在叶轮外缘上的径向压力变成不均匀分布，转子会受到径向推力的作用。

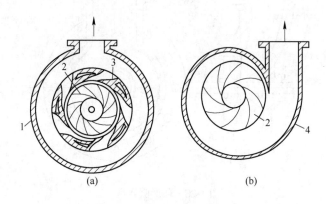

图1-22　压出室
（a）环形压出室；（b）螺旋形压出室
1—环形泵壳；2—叶轮；3—导叶；4—螺旋形外壳

（五）导叶

　　导叶又称导流器、导向叶轮（简称为导轮）。导叶位于叶轮的外缘，相当于一个不能动的固定叶轮。一个叶轮和一个导叶配合组成分段式多级离心泵的级。导叶的作用是汇集前一级叶轮甩出的高速流体并引向下一级叶轮的入口（对末级导叶而言是引入压出室），并将流体的部分动能转变为压力能。可见，导叶与压出室的作用相同，所以可将导叶看作是压出室的一种形式。

　　导叶主要有径向式导叶和流道式导叶两种形式。径向式导叶如图1-23所示，它由正导叶、过渡区（环状空间）和反导叶（向心的环列叶栅）组成，其中正导叶包括螺旋线和扩散段两部分。液体从叶轮中流出，由正导叶的螺旋线部分收集起来，进入正导叶的扩散段部分将大部分动能转换为压力能，然后流入过渡区改变流动方向，再由反导叶引向下一级叶轮的进口。流道式导叶的正导叶和反导叶之间没有环状空间，正导叶的扩散段出口用流道与反导叶连接起来，组成一个断面连续变化的流道。两种导叶的水力性能相差无几，但在结构尺寸上径向式导叶较大，工艺方面较简单。目前，在节段式多级泵的设计中，趋向采用流道式导叶。

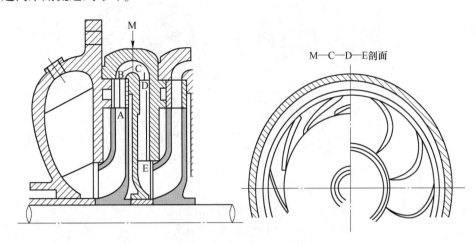

图 1-23 径向式导叶

（六）密封装置

离心泵的转动部件和静止部件之间总存在着一定的间隙，比如叶轮与泵壳之间的间隙、轴与泵体之间的间隙等。离心泵在工作时，能减少或防止从这些间隙中泄漏液体的部件成为密封装置。

设计密封装置的要求是密封可靠，能长期运转，消耗功率小，适应泵运转状态的变化还要考虑到液体的性能、温度和压力等。根据这种装置在泵内的位置和具体的作用，可分为外密封装置、内密封装置和级间密封装置三种。

1. 外密封装置

它装设在泵轴穿出泵体的地方，密封泵轴与泵体之间的间隙，因其所在位置故称为轴端密封，简称轴封。其作用是：防止泵内液体流出（泵内为正压时），或防止空气漏入泵内（泵内为真空时）。轴封从结构上可分为填料密封、机械密封、干气密封、迷宫密封和浮动环密封等几种。

由于大型火电机组常用水泵的工作条件差异很大，对密封的要求各不相同，因此所采用的密封形式也各异，例如在 N1000-28/600/620（TC4F）机组中，给水泵采用浮动环密封，给水泵前置泵和凝结水泵采用机械密封，循环水泵采用填料密封。

（1）填料密封。填料密封又称为盘根密封，主要由填料箱、填料（又称"盘根"）、水封环、水封管和填料压盖等组成，如图 1-24 所示。填料起阻水隔气的作用，为了提高密封效果，填料一般做成矩形断面；填料压盖的作用是压紧填料，用压盖使填料和轴（或轴套）之间直接接触而实现密封。水封管和水封环的作用是将压力水引入填料与泵轴之间的缝隙，不仅起到密封作用，同时也起到引水冷却和润滑的作用。有的水泵利用泵壳上制作的沟槽来取代水封管，使结构更加紧凑。

泵工作时，填料密封的效果可以用松紧填料压盖的方法来调节。如压得过紧，则填料挤紧，泄漏量减少，但填料与轴套之间的摩擦增大，严重时会造成发热、冒烟，甚至烧毁

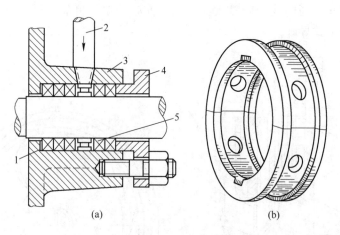

图 1-24　填料密封结构图

（a）填料密封；（b）水封环

1—填料；2—水封管；3—填料箱；4—填料压盖；5—水封环

填料或轴套；如压得过松，则填料放松，又会使泄漏量增大，泵效率下降，对吸入室为真空的泵来说还可能因大量空气漏入而吸不上水。一般压盖的松紧以水能通过填料缝隙呈滴状渗出为宜（约为 60 滴/min）。

填料的种类很多。离心泵在常温下工作时，常用的有石墨或黄油浸透的棉织物。若温度或压力稍高时，可用石墨浸透的石棉填料。对于输送高温水（最高可达 400 ℃）或石油产品的泵，可采用铝箔包石棉填料或用聚四氟乙烯等新材料制成的填料。

填料密封结构简单，安装、检修方便，压力不高时密封效果好。但是填料的使用寿命比较短，需要经常更换、维修。填料密封只适用于泵轴圆周速度小于 25 m/s 的中、低压水泵。

（2）机械密封。机械密封是无填料的密封装置，由动环、静环、弹簧和密封圈等组成，如图 1-25 所示。动环随轴一起旋转，并能做轴向移动；静环装在泵体上静止不动。这种密封装置是动环靠密封腔中液体的压力和弹簧的压力，使其端面贴合在静环的端面上（又称端面密封），形成微小的轴向间隙而达到密封的。为了保证动、静环的正常工作，轴向间隙的端面上需保持一层水膜，起冷却和润滑作用。

动环与静环一般由不同材料制成，一个用树脂或金属浸渍的石墨等硬度较低的材料，一个用硬质合金、陶瓷等硬度较高的材料，但也可以都用同一种材料，如碳化钨。密封圈常根据泄漏液体温度的高低采用硅橡胶、丁腈橡胶等制成，通常制成 O 形、V 形或楔形。

机械密封的优点是密封效果好，不论转子转动还是静止，几乎都可以达到滴水不漏；轴向尺寸较小；轴或轴套不易受磨损；摩擦功耗较小，一般为填料密封功率消耗的 1/10~1/3；使用寿命长，一般为 1~2 年；安装正确后能自动运行而不需在运行时调整；耐振动性好。在现代高温、高压、高转速的给水泵上得到广泛的应用。其缺点是：零件多，结构较复杂；制造精度要求高，价格较贵；安装、拆卸及加工技术要求高，如果动、静环不同心，运行时易引起水泵振动。

（3）干气密封。干气密封即干运转气体密封，是将开槽密封技术用于气体密封的一

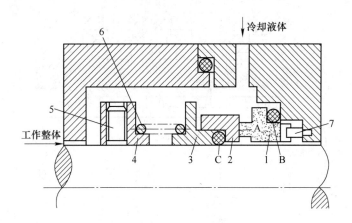

图 1-25　机械密封

1—静环；2—动环；3—动环座；4—弹簧座；5—固定螺钉；6—弹簧；7—防转销；

A—密封端面；B，C—密封圈

种新型轴端密封，属于非接触密封。如图 1-26 所示，干气密封的原理是通过在机械密封动环上增开动压槽，以及在相应位置设置的辅助系统，从而实现密封端面。

　　干气密封在动环端面外侧开设流体动压槽，当动环旋转时，流体动压槽把外径侧的高压隔离气体送入密封端面之间，气膜压力由外径至槽径处逐渐增加，自槽径至内径处逐渐下降，因端面膜压力增加使所形成的开启力大于作用在密封环上的闭合力，在动环和静环之间形成很薄的一层气膜，完全阻塞了相对低压的密封介质泄漏通道，实现了密封介质的零泄漏或零逸出。这个气膜的存在，既有效地使两个端面分开，又使其得到了冷却，两个端面非接触，故摩擦、磨损大大减小，使密封具有寿命长的特点，从而延长主机的寿命。

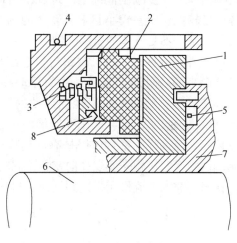

图 1-26　干气密封

1—动环；2—静环；3—弹簧；4，5，8—O 形环；

6—转轴；7—组装套

　　（4）迷宫密封。迷宫密封是在转轴周围设若干个依次排列的环形密封齿，齿与齿之间形成一系列截流间隙与膨胀空腔，被密封介质在通过曲折迷宫的间隙时进行多次节流降压，从而减小间隙两侧的压差，达到密封的目的，如图 1-27 所示。常用的迷宫密封有炭精迷宫密封和金属迷宫密封。

　　迷宫密封的径向间隙较大，泄漏量也较大。但是，由于没有任何摩擦部件，即使在离心泵干转、密封液体短时间中断的情况下也不会相互摩擦，而且制造简单，耗功少，在高速大型水泵中正逐步成为主要的外密封装置。

　　（5）螺旋密封。螺旋密封是利用在转轴上车出与泄露方向相反的螺旋形沟槽，如图 1-28所示。液体通过间隙时，经过多次节流降压，达到密封目的，这点与迷宫密封的

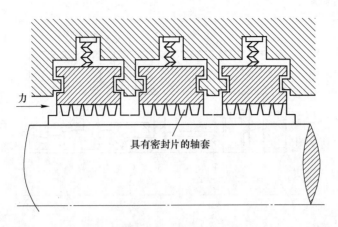

图 1-27　迷宫密封

工作原理一致。泵轴转动的时候对充满在螺旋沟槽内的泄漏液体，产生一种向泵内输送的作用，从而达到减少介质泄漏的目的。为加强密封效果，还可以在固定衬套表面再车出与转轴沟槽反向的沟槽以进一步减小泄漏量。螺旋密封适用于液体黏度较大、压差较小和中等转速的场合，并且其使用基本不受液体的温度限制。

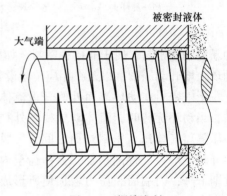

图 1-28　螺旋密封

（6）浮动环密封。将机械密封与迷宫密封原理结合起来的一种新型密封，称为浮动环密封。浮动环密封主要由多个可以径向浮动的浮动环、浮动套（或称支撑环）、支撑弹簧等组成，如图 1-29 所示。浮动环的密封作用是靠浮动环径向浮动保持均匀的最小间隙，以浮动环与浮动套端面的严密接触来实现径向密封，同时又以浮动环的内圆表面与轴套的外圆表面所形成的狭窄缝隙的节流作用来达到轴向密封。

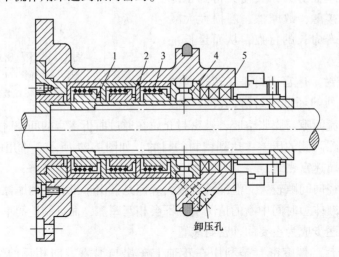

图 1-29　浮动环密封
1—浮动环；2—浮动套；3—支撑弹簧；4—泄压环；5—轴套

一个单环由一个浮动环与一个浮动套组成。为了达到良好的密封效果，一个浮动环密封装置由数个单环依次顺连而成。液体每经过一个单环进行一次节流，因而泄漏量降低。弹簧的作用是保证端面间良好的接触。此外，为了减少给水的泄漏，在浮动环中间部分通入高压密封水，大约有四分之一密封水流入泵内，所以密封水通常采用无杂质的凝结水。

浮动环在浮动套与轴套之间有自动调心作用。由于在轴套周围的液体受轴套旋转的带动亦在旋转之中。浮动环与轴套之间，就好像滑动轴承的情况一样，在楔形缝隙中水所产生的支撑力使浮动环沿着浮动套的密封端面上、下自由浮动，并使浮动环自动对正中心。浮动环虽有自动调整偏心的作用，但在启动和停车时浮动环也有可能因支撑力不足而与轴套发生短时间的摩擦。为了保证浮动环的动力水膜和浮力，启动时必须先引入高压纯净的凝结水，停运后关闭。

浮动环与轴套都应采用耐磨材料。在输送水时要用防锈材料。一般浮动环用铅锡青铜制造，轴套（或轴）用 3Cr13 制造，并在表面镀铬（0.05~0.1 mm），以提高表面硬度。

浮动环密封相对于机械密封而言，结构简单，运行可靠。如果能正确控制径向间隙和密封长度，可以得到较满意的密封效果。但是，浮动环密封要求浮动环和转轴之间必须保持水膜，否则密封被破坏，所以不宜在干化或汽化条件下运行。另外，随着密封环数的增多，浮动环密封要求有较长的轴向尺寸，不适宜用在粗且短的大容量给水泵上。

2. 内密封装置

内密封装置是指叶轮入口的密封环，也称为口环或卡圈。由于离心泵叶轮出口液体是高压，入口是低压，高压液体经叶轮与泵体之间的间隙泄漏而流回吸入处，所以需要装密封环，如图 1-30 所示。其作用一方面是减小叶轮与泵体之间的泄漏损失；另一方面可保护叶轮，避免与泵体摩擦。

密封环有平环式、角环式、锯齿式和迷宫式，如图 1-31 所示。一般泵使用平环式和角环式，而高压泵由于单级扬程高，为减少泄漏量，常用锯齿式或迷宫式。密封环采用耐磨材料，如青铜或碳钢，也由采用高级铸铁制成的。为保证磨损后更换方便，密封环都加工成可拆卸的。

3. 级间密封装置

级间密封装置就是装在泵壳或导叶上与定距轴套（或轮毂）相对应的静环，故又称为级间密封环。对于多级离心泵，可能存在后级叶轮入口的液体向前级叶轮后盖板外侧空腔的泄漏，这部

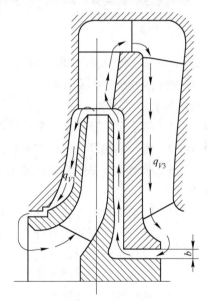

图 1-30　密封环泄漏与级间泄漏
q_{V1}—密封环泄漏；q_{V3}—级间泄漏；
b—级间隔板间隙

分泄漏液体不经过叶轮的流道，只在旋转叶轮后盖板的带动下，来回于空腔、导叶、圆环形径向间隙之间流动，如图 1-30 所示。这种流动虽然不影响叶轮的流量，也不消耗叶片传递给液体的能量，但是它却在通过圆盘状的后盖板外侧时产生摩擦而损耗泵的轴功率。级间密封装置依靠静环和定距轴套（或轮毂）之间的圆环形径向间隙来减小这种泄漏，降低功率损耗。

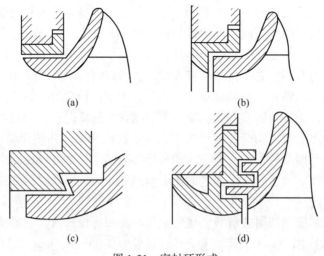

图 1-31　密封环形式

（a）平环式；（b）角环式；（c）锯齿式；（d）迷宫式

（七）轴向推力平衡装置

轴向推力平衡装置在本项目任务四中详细叙述。

（八）轴承

轴承是承受转子径向和轴向载荷的部件。按摩擦性质可分为滚动轴承和滑动轴承两大类，详细内容可参考有关书籍。

【综合练习】

1-3-1　离心泵的整体结构形式有哪几种？

1-3-2　离心泵的部件中哪些是转体，哪些是静体？

1-3-3　通常单级单吸悬臂式离心泵、单级双吸泵、多级离心泵分别采用哪种形式的吸入室？

1-3-4　轴端密封的方式有几种，各有什么特点，主要用于哪种场合？

1-3-5　填料密封中的填料并不是压得越紧越好，为什么？

1-3-6　分析填料密封和迷宫密封的优缺点，说明它们的适用范围。

1-3-7　机械密封和浮动环密封的密封原理各是什么？

1-3-8　密封环有哪几种形式，其作用是什么？

1-3-9　离心泵的叶轮在主轴上是如何固定的？

任务四　径向推力、轴向推力及其平衡装置

【任务导入】

现代高压锅炉给水泵采用平衡式平衡盘，外加止推轴承来平衡轴向力，而不采用单一的平衡盘。这是因为汽动给水泵汽轮机在启动前需要低速盘车，一方面由于可能有异物存在，使泵卡塞；另一方面在启动初期，平衡盘尚未建立压差，易和平衡座发生摩擦。

一、径向推力及其平衡方法

(一) 径向推力的产生

离心泵运行时，泵内液体作用在转轴叶轮上径向不平衡力的合力称为径向推力。具有螺旋形压水室的离心泵，在设计工况下工作时，液体在叶轮周围做均匀的等速运动，而且叶轮周围的压力基本为均匀分布，是轴对称的，所以液体作用在叶轮上的径向推力的合力为零，不产生径向推力。当离心泵在变工况下工作时，叶轮周围的液体速度和压力分布均变为非均匀分布，会产生一个作用在叶轮上的径向推力。

当流量小于设计流量时，压出室内液体的压力在泵舌处最小，到扩散段进口处达到最大。由于这种压力分布得不均匀，在叶轮上得到一个总的合力 R，方向为自泵舌开始沿叶轮旋转方向转 90°的位置。另外，由于压出室里液体压力分布得不均匀，使液体从叶轮中流出也不均匀。压出室中压力小的地方，从叶轮中流出的液体多；反之压力高的地方，从叶轮中流出的液体少。因此液体流出时对叶轮产生的动反力也不均匀，在泵舌处最大，扩散段最小，它们的合力 T 方向从 R 开始向叶轮旋转的方向转 90°，指向泵舌。力 R 和 T 的矢量和 F_r 即为作用在叶轮上的总的径向推力，如图 1-32 所示。

当流量大于设计流量时，情况刚好相反，叶轮受到总的径向推力 F_r，如图 1-33 所示。

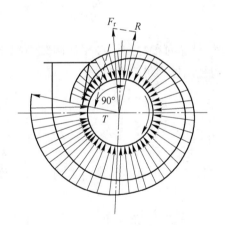
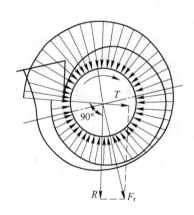

图 1-32　小于设计流量时
径向力的方向

图 1-33　大于设计流量时
径向力的方向

(二) 径向推力的平衡

泵在频繁启动或在非设计工况下运行时会产生径向推力，径向推力是交变应力，它会使轴产生较大的挠度，甚至使密封环、级间套和轴套、轴承发生摩擦而损坏。同时，对转轴而言，径向推力是交变载荷，容易使轴产生疲劳而破坏。

对于大型蜗壳形压出室，由于尺寸大、扬程高，所产生的径向推力就更大，危害也就越大。因此，为了保证泵的安全工作，必须设法消除径向推力。一般采用对称原理的方法消除径向推力。

（1）采用双层压出室平衡径向推力。单级泵可以采用双层压出室，即用分隔筋将压出室分成两个对称的部分，如图 1-34（a）所示。由于上下压出室相互对称，使泵在运行中产生对称的径向推力，这样作用在叶轮上的径向推力相互抵消，达到平衡。采用图 1-34（b）所示的双压出室，同样也可以使作用在叶轮上的径向推力互相平衡。

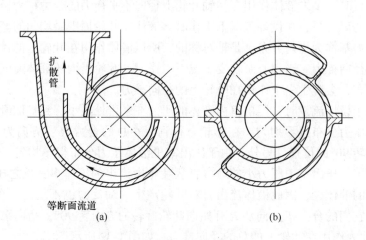

图 1-34　压出室
（a）双层压出室；（b）双压出室

（2）大型单级泵在蜗壳内加装导叶。如图 1-22（a）所示，在叶轮外加装导叶后，叶轮在变工况下不再产生径向力。

（3）多级蜗壳式泵可以采用相邻两级蜗壳倒置的布置，即在相邻两级中把压出室布置成相差 180°，这样作用在相邻两级叶轮上的径向推力可互相抵消。

二、轴向推力及其平衡方法

（一）轴向推力的产生

离心泵在运行时，泵内液体作用在叶轮盖板两侧上轴向不平衡力的合力，称为轴向推力。

图 1-35 所示为某单级单吸卧式离心泵叶轮两侧的压强分布图。当叶轮正常工作时，其出口的高压液体绝大部分经泵的出口排出，还有一小部分液体经过泵壳与叶轮之间的间隙流入叶轮盖板两侧的环形腔室 A 和 B 中。实验证明，由于受到叶轮旋转带动的影响，在 A、B 空间中液体的旋转角速度大概是叶轮旋转角速度的一半。A、B 空间中液体的压强是沿半径方向按二次抛物线规律分布的，如图 1-35 中曲线 ab 和 cd 所示。由图可见，在密封环半径 r_c 以上至叶轮外径 r_2 间的环形区域，叶轮两侧的压强分布对称，大小相等，方向相反，因此，轴向作用力相互抵消。在密封环半径 r_c 以下至轮毂半径 r_b 之间的环形区域内，左侧压力是叶轮吸入口的液体压力 p_1，右侧压强是按二次抛物线分布的，由于叶轮两侧的压强分布不再对称，因此产生一个轴向推力 F_1，方向指向叶轮入口。

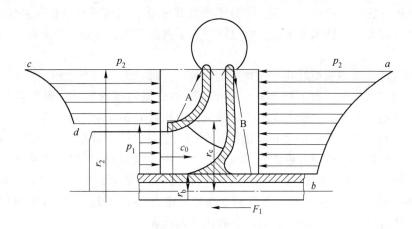

图 1-35　泵的轴向推力

另外，在离心泵叶轮中，液体通常是轴向流入，径向流出，液体流动方向的改变导致液体轴向动量变化，使液体对叶轮产生一个轴向动反力 F_2，方向与 F_1 相反。

因此，作用在单级单吸卧式离心泵上的总轴向推力为：$F = F_1 - F_2$；对于多级卧式离心泵，如果每一级都是单吸叶轮，级数为 z，则总的轴向推力为：$F = z(F_1 - F_2)$；对于多级立式离心泵，转子的重力 F_3 与轴向重合也构成轴向力，如果叶轮吸入口朝下，其总的轴向推力为 $F = z(F_1 - F_2) + F_3$。

应该指出，轴向推力 F_1 在总的轴向推力中起主要作用，对于低比转数的离心泵而言，更是如此。轴向推力 F_2 较小，可以忽略不计。但是在泵启动时，F_1 还不太大或大流量工作时 F_2 比较大的情况下，泵轴向排出口窜动；立式泵的泵轴向上窜动，正是刚启动时叶轮的轴向力尚未建立，而动量变化所产生的作用力产生效果的缘故，此时必须考虑 F_2 的作用。

（二）轴向推力的平衡

离心泵轴向推力的存在会使转子产生轴向位移，压向吸入口，造成叶轮和泵壳等动静部件碰撞、摩擦和磨损；还会增加轴承负荷，导致机组振动、发热甚至损坏，对泵的正常运行十分不利，尤其多级离心泵，由于叶轮多，轴向推力可达数万牛顿，因此，必须重视轴向推力的平衡。

1. 单级泵轴向推力的平衡

（1）平衡孔。如图 1-36（a）所示，在叶轮后盖板靠近轮毂处开一圈孔径为 5~30 mm 的小孔，经孔口将压力液流引向泵入口，以便叶轮背面环形室保持恒定的低压（压强与泵入口压强基本相等），并在后盖板上装上密封环，与吸入口的密封环位置一致，以减小泄漏。但是由于流体经过平衡孔的流动干扰了叶轮入口处液流流动的均匀性，因此流动损失增加，泵效率下降。

（2）平衡管。图 1-36（b）所示为平衡管平衡法，它利用布置在泵体外的平衡管将叶轮后盖板靠近轮毂处的泵腔与泵的吸入口连接起来，达到平衡前、后盖板两侧压力差的目的。这种方法对吸入口的液流干扰小，但也会增加泄漏损失。

　　以上两种方法虽然简单、可靠，但是平衡效果不佳，只能平衡 70%～90% 的轴向力，剩余的轴向力需要止推轴承来承担，而且均增加了泄漏损失，使泵效率下降，因此多用在小型泵上。

　　（3）双吸叶轮。双吸叶轮由于结构上的对称性，理论上不会产生轴向推力，如图 1-36（c）所示。但在实际上，由于制造偏差及叶轮两侧液流的运动差异，仍然会有部分轴向推力，还要采用止推轴承。较大流量的单级泵，采用双吸式叶轮较为合理。

　　（4）背叶片。在叶轮的后盖板上加铸几个径向肋筋，称为背叶片，如图 1-36（d）所示。未加背叶片时，叶轮后盖板侧液体压强分布见图中曲线 *abc*。加背叶片以后相当于一个半开式叶轮，叶轮旋转时，背叶片强迫液体旋转，使叶轮背面的压力显著下降，压强分布如图中曲线 *abe* 所示。背叶片除了起到平衡轴向推力的作用外，还能减小轴端密封处的液体压力，并可以防止杂质进入轴封，主要用于杂质泵。

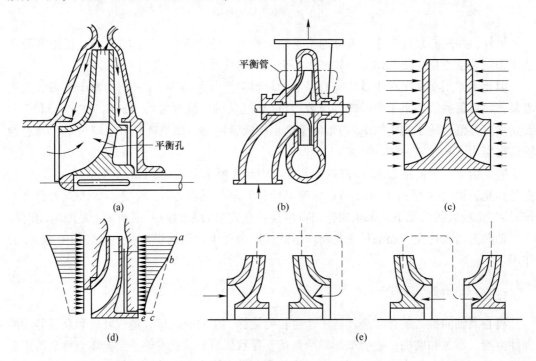

图 1-36　几种平衡轴向推力的装置和方法
（a）平衡孔；（b）平衡管；（c）双吸叶轮；（d）背叶片；（e）叶轮对称布置

　　2. 多级泵轴向推力的平衡

　　（1）叶轮对称布置。在多级泵中，可以将叶轮对称地、与进口方向相反地布置在泵壳内，如图 1-36（e）所示。每组叶轮的吸入方向相反，在叶轮中产生大小相等、方向相反的轴向推力，可以相互抵消，起到自身平衡轴向推力的作用。叶轮级数为奇数时，首级叶轮可以采用双吸式。这种平衡方法，简单且效果良好，但是级与级之间连接管道长，损失大，并且彼此重叠，使泵壳制造和检修复杂。这种方法主要用于蜗壳式多级泵和节段式多级泵。

　　（2）平衡盘。平衡盘装置装在末级叶轮之后，和轴一起旋转。在平衡盘前的壳体上装有平衡圈。平衡盘后的空间称为平衡室，它与泵的吸入室相连接。平衡盘装置有两个密封间隙：轴向间隙a和径向间隙b，如图1-37（a）所示。泵运行中，末级叶轮出口液体压力p经径向及轴向间隙对平衡盘正面作用一个压力p_1，同时经轴向间隙节流降压排入平衡室，平衡室有平衡管与吸入室相通，室中作用于平衡盘另一侧的压力p_2小于p_1，大小接近于泵入口压力p_0。所以，在平衡盘两侧将产生压差，方向与轴向推力相反。适当地选择轴向间隙和径向间隙以及平衡盘的有效作用面积，可以使作用在平衡盘的力足以平衡泵的轴向推力。

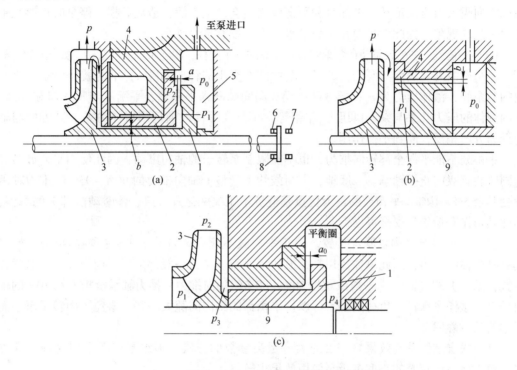

图1-37 多级泵的平衡盘、平衡鼓及联合装置
（a）平衡盘；（b）平衡鼓；（c）平衡盘与平衡鼓联合装置
1—平衡盘；2—平衡套；3—末级叶轮；4—泵体；5—平衡室；
6—工作瓦；7—非工作瓦；8—推力盘；9—平衡鼓

当工况改变时，末级叶轮出口压力p发生改变，结果轴向推力也要改变。如果轴向推力增大，则转子向低压侧即吸入口方向窜动，因为平衡盘固定在转轴上，这会使轴向间隙a减小，泄漏量减小。由于径向间隙b不随工况的变化而变动，于是导致液体流过径向间隙b的速度减小，从而提高了平衡盘前面的压力p_1，使作用在盘上的平衡力增大。随着转子继续向低压侧窜动，平衡力不断增加，直到与轴向推力相等，达到新的平衡；反之，如果轴向推力减小，则转子向高压侧窜动，轴向间隙增大，平衡力下降，也能达到新的平衡。由此可见，转子左右窜动的过程，就是自动平衡的过程。

需要注意的是，由于惯性作用，窜动的转子不会立刻停止在新的平衡位置，还要继续前窜，发生位移过量的情况，使平衡力与轴向推力又处于不平衡状态，于是泵的转子往回移动，如此往返窜动，逐渐衰减，直到平衡位置而停止。这就造成了转子在从一个平衡位置到达另一个平衡位置之间，来回摆动的现象。泵在运行过程中，不允许过大的轴向窜动，否则会使平衡盘与平衡圈产生严重磨损。因此，要求在轴向间隙改变不大的情况下，能使平衡力发生显著变化，使平衡盘在短期内能迅速达到新的平衡状态，即要有合理的灵敏度。

由于平衡盘可以自动平衡轴向推力，平衡效果好，可以平衡全部轴向推力，并可以避免泵的动、静部分的碰撞和磨损，结构紧凑等，故在多级离心泵中被广泛采用。但是，泵在启动时，由于末级叶轮出口液体的压力尚未达到正常值，平衡盘的平衡力严重不足，故泵轴将向吸入口方向窜动，平衡盘和平衡座之间会产生摩擦，造成磨损。停泵时也存在平衡力不足的现象。因此，目前在锅炉给水泵上已配有推力轴承。

（3）平衡鼓。平衡鼓是装在泵轴末级叶轮后的一个圆柱，跟随泵轴一起旋转，如图1-37（b）所示。平衡鼓外缘表面与泵壳上的平衡套之间有很小的径向间隙 b，平衡鼓前面是末级叶轮的后泵腔，液体压力为 p_1；部分液体经径向间隙漏入平衡室，平衡室与吸入口相连通，其内液体的压力几乎与泵入口压力 p_0 相等，于是在平衡鼓前后形成压力差，其方向与轴向推力方向相反，起到平衡作用。

平衡鼓不能平衡全部轴向推力，也不能限制泵转子的轴向窜动，因此使用平衡鼓时必须同时装有双向止推轴承。一般地，平衡鼓约承受整个轴向推力的 90%~95%，推力轴承承受其余 5%~10%。平衡鼓的最大优点是避免了工况变化及泵启、停时动静部分的摩擦，因此其工作寿命长，安全可靠。

（4）平衡鼓与平衡盘联合装置。由于平衡鼓不能完全自动地平衡掉轴向推力，始终具有剩余轴向推力，因此单独使用平衡鼓的情况很少见，一般都采用平衡鼓和平衡盘联合装置，见图 1-37（c）。由平衡鼓承担 50%~80% 的轴向推力，推力轴承承担大约 10% 的轴向推力，这样平衡盘的负荷减小，可以使平衡盘的轴向间隙大一些，避免了因转子窜动而引起的动、静摩擦。

这种联合装置平衡效果好，目前大容量高参数的分段式多级泵广泛采用这种平衡方式，对于启、停频繁的小型多级泵使用效果也较好。

（5）双平衡鼓装置。双平衡鼓装置由两个平衡鼓及相应的节流套组成，如图 1-38 所示。由两个平衡鼓的作用面积及输送介质的送出压力降低至吸入压力，产生一个与轴向力

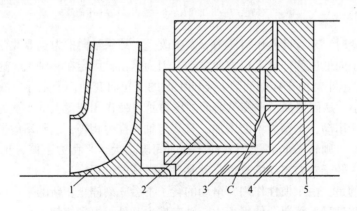

图 1-38　双平衡鼓装置

1—末级叶轮；2，5—节流套；3—平衡鼓 K_4；4—平衡鼓 K_2；C—止推面

相反的平衡力。液力平衡装置约平衡轴向力的95%，推力轴承约平衡5%。图中止推面 C 可以有效防止推力轴承损坏使泵转子滑出等。

双平衡鼓装置综合了平衡鼓和平衡盘的优点，且泄漏损失较平衡鼓和平衡盘联合装置小，目前已经应用于大容量锅炉给水泵上。

【综合练习】

1-4-1 径向推力是如何产生的，有哪些常用的平衡装置和方法？

1-4-2 轴向推力是如何产生的，有哪些常用的平衡装置和方法？

1-4-3 说明轴向推力变化时，平衡盘自动平衡的动作原理。

1-4-4 多级离心泵上常采用哪几种轴向推力平衡装置？

任务五　离心风机的结构

【任务导入】

在火力发电厂，排粉风机一定是离心式的，送风机、引风机既可以采用离心式的，也可以采用轴流式。离心风机的工作特点是工作扬程高，其叶轮在电动机的带动下高速旋转时，充满于叶轮的气体被叶片带动一起旋转，旋转的气体因自身质量产生离心力。在离心力的作用下，气体沿着叶轮叶片向外侧甩出去。在蜗壳内将动能转换成压力能后从出风口排出。这时，叶轮中心形成负压。进口侧气体在大气压力作用下不断吸入，风机不停地旋转，气体就不断地吸入、排出。离心风机主要由机壳部、进风口部、转子部及轴承箱等组成，由电动机驱动。

一、离心风机的结构形式

离心风机的构造和离心泵相似，包括转体和静体两部分，图1-39所示为离心风机及结构示意。转子部分包括叶轮、轴和联轴器等，静子部分由进气箱、导流器、集流器、蜗壳、蜗舌、扩压器等组成。气体由进气箱引入，通过导流器调节进风量，然后经过集流器引入叶轮吸入口。流出叶轮的气体由蜗壳汇集起来，经扩压器升压后引出。

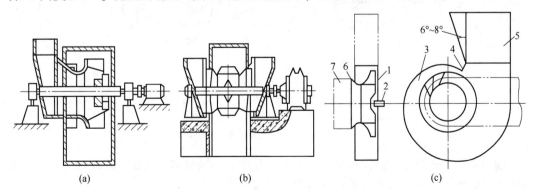

图 1-39　离心风机及结构示意

（a）单级单吸式；（b）单级双吸式；（c）结构示意

1—叶轮；2—轴；3—螺旋室；4—蜗舌；5—扩压器；6—入口集流器；7—进气箱

离心风机结构有单级单吸式和单级双吸式。采用双侧吸入的风机一般风量大、风压低。由于离心风机输送的是气体，而且风机的动静间隙较大，因此离心风机不宜采用多级叶轮。

二、离心风机的主要部件

（一）叶轮

叶轮是用来对气体做功并提高能量的部件，也有封闭式和开式两种形式。常用的是封闭式叶轮，它又可分为单吸式和双吸式两种。

封闭式叶轮由叶片、前盖、后盘和轮毂组成，如图 1-40 所示。前、后盘与叶片用普通钢板或耐磨锰钢板焊接成一个整体，高效离心风机前盘采用弧形形式。需加强耐磨性时，可在叶片上堆焊或加衬板，或熔焊合金耐磨层。

叶轮上叶片对风机的工作有很大影响。离心风机叶片的主要形状如图 1-41 所示。平板形直叶片制造简单，但流动特性较差，效率低。机翼形叶片具有良好的空气动力特性，效率高、强度好、刚性大，但制造工艺复杂，而且输送含尘浓度高的气体时，叶片易磨损，空心叶片一旦被磨穿，杂质进入叶片内部会使叶轮失去平衡而产生振动。圆弧形叶片如果对其空气动力性能进行优化设计，其效率会接近机翼形叶片。

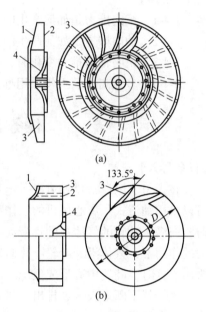

图 1-40　离心风机叶轮示意
（a）前向叶型；（b）后向叶型
1—前盘；2—后盘；3—叶片；4—轮毂

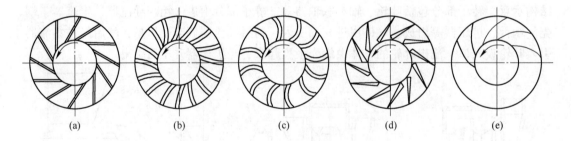

图 1-41　离心风机叶片形状
（a）平板叶片；（b）圆弧窄叶片；（c）圆弧形叶片；
（d）机翼形叶片；（e）平板曲线后向叶片

前向叶轮一般都采用圆弧形叶片，后向叶轮中大型风机多采用机翼形叶片，对于除尘效率较低的燃煤锅炉引风机可采用圆弧形或平板叶片。

（二）轴

离心风机的轴有实心和空心两种。叶轮悬臂支撑风机采用实心轴，双支撑大型引风机趋向于采用空心轴，以减少材料消耗，减轻启动载荷及轴承径向载荷。

叶轮与轴的连接采用轮毂与轴直接配合、法兰连接或空心轴直接焊接的方式。

（三）进气箱

气流引入风机有两种形式：一种是从周围空间直接吸取气体，叫自由进气；另一种是通过进气管和进气箱吸取气体。在大型或双吸的离心风机上，一般采用进气箱。一方面，当进风口需要转变时，安装进气箱能改善进气口流动状况，减少因气流不均匀进入叶轮而产生的流动损失；另一方面，安装进气箱可使轴承装在风机的机壳外，便于安装和维修。火力发电厂中，锅炉送、引风机及排粉风机均装有进气箱。

进气箱的几何形状和尺寸，对气流进入风机后的流动状态影响极大。如果进气箱的结构不合理，造成的损失可达风机全压的 15%～20%，因此还应该在进气箱的设计上注意：（1）进气箱入口端面的长宽比取 2～3 为宜；（2）进气箱的横断面积与叶轮的进口面积之比取 1.7～2.0 为宜；（3）进气箱的形状对阻力影响很大。

图 1-42 为几种不同形状的进气箱。在上述（1）（2）条件相同时，局部阻力损失系数分别为 $\xi_a > 1.0$，$\xi_b = 1.0$，$\xi_c = 0.5$，$\xi_d = 0.3$。

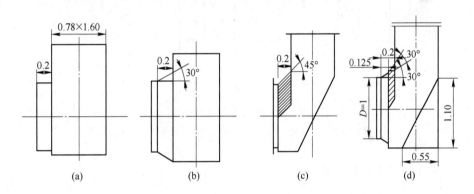

图 1-42　进气箱形状

（四）导流器

在离心风机的集流器之前，一般安装有导流器，用来调节风机的流量，因此又称为风量调节器。常见的导流器有轴向导流器、径向导流器和斜叶式导流器，如图 1-43 所示。运行时，使导流器的导叶绕自身转轴运动，通过改变导叶的安装角度（开度）来改变风机的工作点，减小或增大风机的风量，实现负荷的调节。

（五）集流器

离心风机的集流器位于叶轮的进口前，如图 1-39（c）所示，它的作用是保证气流能均匀地充满叶轮的进口断面，并且使气流在进口处阻力损失尽量小，集流器也称为进风口。集流器的主要形式如图 1-44 所示。高效风机常采用缩放体集流器，与双曲线轮盘进口配合，使气流进入叶轮的阻力损失最小。

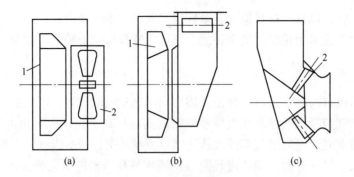

图 1-43　导流器

（a）轴向导流器；（b）径向导流器；（c）斜叶式导流器

1—叶轮；2—导流器

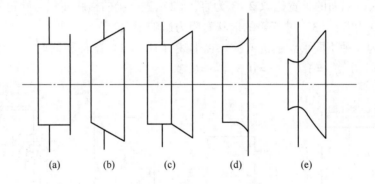

图 1-44　集流器的各种形式

（a）圆柱形；（b）锥形；（c）组合形；（d）流线形；（e）缩放体形

（六）蜗壳、蜗舌和扩压器

　　蜗壳的作用与离心泵的螺旋形压出室一样，是用来收集从叶轮中出来的气体并引至风机出口，同时将气流中部分动能转变为压力能。蜗壳一般由螺旋室、蜗舌和扩压器组成，用钢板制造，如图 1-45 所示。蜗壳的外形采用阿基米德螺旋线或对数螺旋线时，效率最高。蜗壳的截面形状为矩形，宽度不变。

　　蜗壳出口附近的"舌状"结构，称为蜗舌，如图 1-45 所示，其作用是尽量减少气流在蜗壳内循环流动，提高风机的效率。蜗舌有平舌、浅舌和深舌三种。蜗舌附近流动相当复杂，其形状以及与叶轮圆周的最小间距，对风机性能，尤其是效率和噪声影响很大。一般后向叶轮取 $0.05D_2 \sim 0.10D_2$，前向叶轮取 $0.07D_2 \sim 0.15D_2$。

　　扩压器也称为扩散器，是将流出螺旋室的气流的

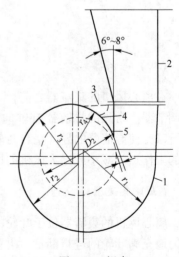

图 1-45　蜗壳

1—螺旋室；2—扩压器；

3—平舌；4—浅舌；5—深舌

部分动能转换为压力能,降低气流出口速度。由于气流的旋转惯性作用,气流在螺旋室出口处朝叶轮旋转方向一边偏斜。因此,安装扩压器可使气流流动顺畅,减少冲击能量损失。扩散角一般为6°~8°。

【综合练习】

1-5-1 离心风机由哪些主要部件组成,各有什么作用?

1-5-2 集流器位于离心风机的什么位置?

1-5-3 蜗壳的作用是什么,由哪几部分组成?

1-5-4 为什么火电厂中的离心风机进风口通常都装有进气箱?

1-5-5 离心风机的叶轮有哪几种形式?

【拓展知识】

发电厂常用离心风机的典型结构

烟气再循环风机是大容量中间再热机组用于将省煤器出口处的低温烟气抽出,并送入炉膛或高温段对流受热面进口处,以调节过热蒸汽或再热蒸汽温度的风机。由于再循环风机所输送的烟气温度较高,在300~400 ℃之间,而且含灰量很大,因此要求再循环风机应该具有耐高温、耐磨损、抗腐蚀、防积灰,以及易于检修和更换部件的结构特点。

图1-46所示为国产300 MW机组亚临界直流锅炉配用的04-90-9型再循环离心风机结构示意图,它具有径向直叶片叶轮,机壳内壁衬有锰钢板以防磨损,传动方式为悬臂式支撑。为了保证风机轴承在高温烟气条件下正常工作,再循环风机的轴承箱必须带有冷却系

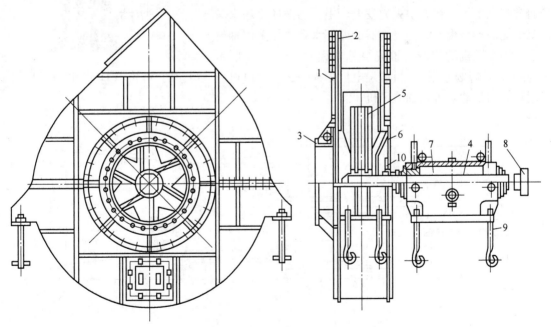

图1-46 04-90-9型再循环离心风机

1—机壳;2—衬套;3—进风口;4—轴;5—叶轮;6—压盖;
7—轴承箱;8—联轴器;9—地脚螺钉;10—密封小叶轮

统装置。为了加强通风散热，在机壳与轴承之间的主轴上安装半开式小叶轮随轴一起旋转，这个小叶轮既有密封作用，又能促进轴承附近空气的流动，降低轴承温度。

任务六　轴流式、混流式泵与风机的结构

【任务导入】

随着机组容量的增大，近代大容量锅炉送、引风机多采用轴流风机。轴流式泵与风机最大的优点是可以采用动叶调节，这种方式在较大范围内调节流量时，效率下降很少，能量损失小，调节经济性高。目前，只在电厂中、大型机组的送、引风机广泛采用动叶可调的轴流式；中、大型电厂循环泵趋向采用混流式或轴流式。与离心式泵与风机比较，轴流式泵与风机具有结构简单、紧凑、外形尺寸小、质量小、动叶可调等特点。但动叶可调的轴流式泵与风机因轮毂中装有叶片可调机构，转子结构较复杂，转动部件多，制造、安装精度要求高，维护工作量大。

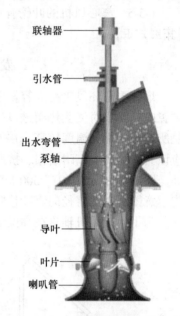

图 1-47　动叶可调立式轴流泵结构

一、轴流式泵与风机的结构

轴流式泵与风机有立式和卧式两种。图 1-47 所示为动叶可调立式轴流泵结构。轴流泵只能是单侧吸入，通常都是单级，在大型火力发电厂中，当循环冷却水需要的能头不是很大时，凝汽器的循环水泵往往采用轴流泵。轴流风机的构造与轴流泵基本相同，图 1-48 所示为卧式轴流风机结构。目前发电厂中锅炉送、引风机应用较多的是动叶可调轴流风机。

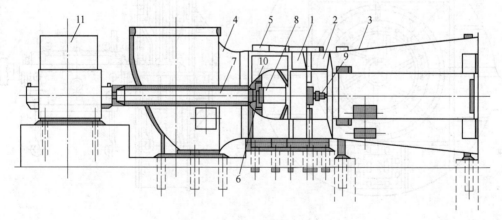

图 1-48　卧式轴流风机结构

1—动叶片；2—导叶；3—扩压器；4—进气箱；5—外壳；6—主轴；
7—中间轴；8—主轴承；9—动叶调节控制头；10—联轴器；11—电动机

轴流泵与风机的主要部件有叶轮、轴、导叶、吸入室、扩压器、动叶调节机构、轴承等，风机还有整流罩等部件。

（一）叶轮

叶轮的作用和离心式叶轮一样，是提高流体能量的部件，其结构和强度要求较高。它主要由叶片和轮毂组成，泵还带一个流线形动轮头，如图1-49所示。叶轮上通常有4~6片机翼形叶片，叶片有固定式、半调节式和全调节式三种，目前常用的为后两种。它们可以在一定的范围内通过调节动叶片的安装角来调节流量。半调节式只能在停泵后通过人工改变定位销的位置进行调节。全调节式叶片叶轮配有动叶调节机构，如图1-49（a）所示，通过调节杆上下移动，带动拉板套一起移动，拉臂旋转，从而改变叶片安装角。图1-49（b）所示为叶片安装角最大（流量最大）及叶片安装角最小（流量最小）的情况。

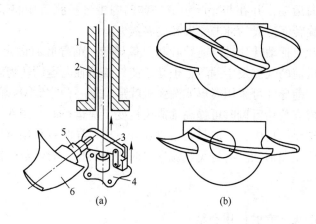

(a)   (b)

图1-49　轴流泵叶轮及动叶调节机构

（a）动叶调节示意；（b）叶片的两种位置

1—泵轴；2—调节杆；3—拉臂；4—拉板套；5—叶柄；6—叶片

轮毂是用来安装叶片和叶片调节机构的，有圆锥形、圆柱形和球形三种，在动叶片可调的轴流泵中，一般采用球形轮毂，如图1-49（b）所示。球形轮毂可以使叶片在任意角度下与轮毂有一固定间隙，以减少工质流经间隙的泄漏损失。动轮头为流线形锥体，以减少流动的阻力损失。

图1-50所示为轴流风机的叶轮，外缘装有17~30个叶片。叶片是由高强度铸铝合金制成的机翼形扭曲叶片，以使风机在设计工况下，沿叶片半径方向获得相等的全压，避免涡流损失。叶片前缘装有不锈钢镀铬耐磨鼻，一经磨损可随时更换。

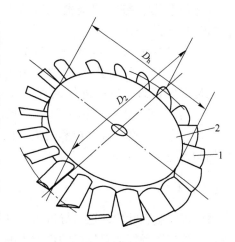

图1-50　轴流风机叶轮

1—叶片；2—轮毂

（二）轴

轴是传递扭矩的部件。泵轴采用优质镀铬碳钢制成。全调节式的泵轴是空心的，这样既能减轻重量，又便于调节机构与动叶片相连接的细杆装在空心轴内，如图 1-49（a）所示。轴流风机按有无中间轴分为两种形式：一种是主轴与电动机轴用联轴器直接相连的无中间轴型；另一种是主轴用两个联轴器和一根中间轴与电动机轴相连的有中间轴型，如图 1-47 所示。有中间轴的风机可以在吊开机壳的上盖后，不拆卸与电动机相连的联轴器的情况下吊出转子，方便维修。

（三）导叶

轴流泵动叶出口装有导叶，如图 1-47 所示。出口导叶的作用是将流出叶轮的流体的旋转运动转变为轴向运动，并在与导叶组成一体的圆锥形扩张管中将部分动能转变为压能，避免液体由于旋转而造成的冲击损失和旋涡损失。

轴流风机的导叶包括动叶片进口前导叶和出口导叶，前导叶有固定式和可调式两种。其作用是使进入风机前的气流发生偏转，也就是使气流由轴向运动转为旋转运动，一般情况下是产生负预旋。前导叶可采用翼形或圆弧板叶形，是一种收敛型叶栅，气流流过时有些加速。前导叶做成安装角可调时可提高轴流风机变工况运行的经济性。

在动叶可调的轴流风机中，一般只装出口导叶。出口导叶可采用翼形，也可采用等厚的圆弧板叶形，做成扭曲形状。为避免气流通过时产生共振，导叶数应比动叶数少一些。

（四）吸入室

轴流泵与风机的吸入室的作用和结构要求与离心泵与风机的吸入室相同。中小型轴流泵一般选用喇叭管形吸入室，如图 1-47 所示。大型轴流泵根据地形情况多选用肘形进水流道作为吸入室，如图 1-51 所示。

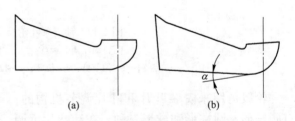

(a)　　　　　　　　　(b)

图 1-51　肘形吸入流道

(a) 平底型；(b) 斜底型

轴流风机的吸入室与离心风机的吸入室类似，分为只有集流器的自由进气和带进气箱的非自由进气两种。火力发电厂锅炉的送、引风机均设置进气箱，如图 1-52 所示。气流由进气箱进风口沿径向流入，然后在环形流道内转弯，经过集流器（收敛器）进入叶轮。进气箱和集流器的作用与结构要求是使气流在损失最小的情况下平稳均匀地进入叶轮。

（五）整流罩

整流罩安装在叶轮或进口导叶前，如图 1-52 所示，使进气条件更为完善，降低风机的噪声。整流罩的好坏对风机的性能影响很大，一般将其设计成半圆或半椭圆形，也可与尾部扩压器内筒一起设计成流线形。

（六）扩压器

扩压器是将从出口导叶流出的流体中部分动能转化为压力能，以提高泵与风机的流动效率的部件，它由外筒和芯筒组成。按外筒的形状分为圆筒形和锥形两种。圆筒形扩压器的芯筒是流线形或圆台形，锥形扩压器的芯筒是流线形或圆柱形，如图 1-53 所示。

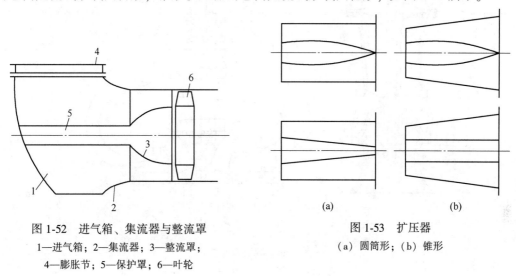

图 1-52　进气箱、集流器与整流罩
1—进气箱；2—集流器；3—整流罩；
4—膨胀节；5—保护罩；6—叶轮

图 1-53　扩压器
（a）圆筒形；（b）锥形

（七）轴承

轴流泵有径向轴承和推力轴承。径向轴承主要承受径向推力，防止泵轴径向晃动，起到径向定位的作用。在立式轴流泵中，推力轴承是用来承受工质作用在叶片上的向下的轴向推力和转子的重力，并保持转子的轴向位置，将轴向力传到基础上。推力轴承装在电动机轴顶端的上机架上。

二、混流泵的结构

混流泵的结构形式和特性介于离心泵和轴流泵之间，分为蜗壳式和导叶式两种。蜗壳式混流泵的比转数小于导叶式，其结构接近离心泵。导叶式混流泵的结构与轴流泵类似。两种形式都可根据具体需要制成立式或卧式结构。目前大型火力发电厂多采用立式混流泵作为循环水泵。

（一）导叶式混流泵

图 1-54（a）所示为立式导叶式混流泵，其外观和内部结构都与轴流泵相似，其主要特征为短宽形的扭曲状叶片，出口液体斜向流出，所以又称为斜流泵。

导叶式混流泵的叶轮包括叶片、轮毂和锥形体部分。叶轮叶片有固定式和可调式，调节方式也分为半调节式和全调节式，调节原理与轴流泵的基本相同。

导叶式混流泵径向尺寸较小，流量较大，如图 1-54（a）所示的立式结构，叶轮淹没在水中，无须真空引入设备，占地面积小。

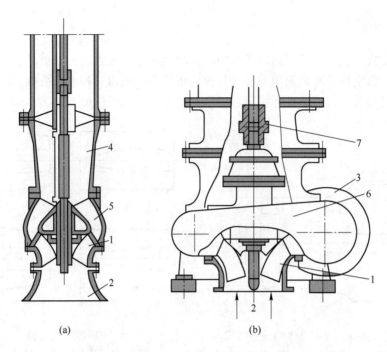

图 1-54　混流泵结构

(a) 立式导叶式混流泵；(b) 蜗壳式混流泵

1—叶轮；2—吸入口；3—排出口；4—出口扩压管；

5—出口导叶；6—蜗壳；7—联轴器

(二) 蜗壳式混流泵

图 1-54 (b) 所示为蜗壳式混流泵。其结构与单级单吸悬臂式离心泵相似，叶轮叶片为固定式，压出室较小，结构简单，制造、安装、维护方便。

【拓展知识】

发电厂中常用轴流式泵与风机典型结构

(一) 轴流式引风机

如图 1-55 所示是丹麦诺狄斯克风机公司设计制造的轴流式引风机。叶轮上有 30 片叶片。由于尺寸大，每片叶片的有效长度为 896 mm，所承受叶片弯曲及轴向载荷很大，所以选用高强度锻制的铝铜镁镍合金。叶轮的轮毂材料采用可锻球墨铸铁。由于尺寸很大，风机机壳、叶轮外壳上增加了加固筋，以保证维持规定的最大椭圆度。由于引风机工作环境恶劣，磨损严重，在引风机的叶片前缘装有可更换的表面镀铬层的不锈钢防磨鼻，并在铝表面喷涂耐磨层，以提高叶片的防磨性能。

(二) 子午加速轴流风机

所谓子午加速轴流风机，子午面 (轴面) 尺寸沿流动方向逐渐减小，气流在叶轮内的轴向速度沿流动方向是加速的，又称子午加速通风机。其结构如图 1-56 所示。子午加速

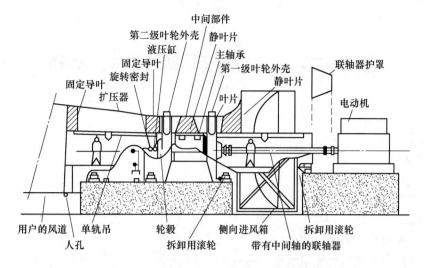

图 1-55 AST-4032/2240 型引风机结构示意图

轴流风机的压力系数高，在足够大的工作轮叶片安装角下，单级叶轮可获得与一般普通型双级轴流风机相当的压力和高的全压效率，结构也比较简单。足够大的工作轮叶片安装角使子午加速轴流风机具有优良的调节性能，使其在运行期间内能够"按需供风"。此类风机通过调整入口静叶安装角来改变风量，其装置类似于离心风机的轴向导流器，调节效率和高效区范围均高于离心式。但目前子午加速轴流风机在火力发电厂中已逐渐被效率更高的动叶可调节式轴流风机取代。

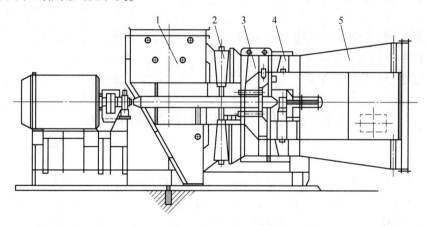

图 1-56 子午加速轴流风机
1—集流器材；2—入口可调节静叶；3—叶轮；4—出口导叶；5—扩压器

【综合练习】

1-6-1 轴流泵和混流泵有哪些主要部件，它们各有何作用？

1-6-2 为什么采用轴流风机作为电厂送、引风机的越来越多？

1-6-3 导叶式混流泵和蜗壳式混流泵在结构上的主要差别是什么？

1-6-4 将流量调大时，轴流风机的动叶调节机构是如何动作的？

1-6-5 凝结水泵的工作特点是什么，结构上有何特点？

项目二　泵与风机性能分析

【学习目标】

素质目标

（1）具有一定的工程素养。

（2）具备一定的分析能力。

知识目标

（1）掌握泵与风机的性能参数。

（2）理解泵与风机的能量损失。

（3）熟悉泵与风机的性能曲线。

（4）理解比例定律及比转数。

（5）熟悉泵的汽蚀与安装高度的确定。

能力目标

（1）能够说明泵与风机性能参数的意义、表达式并会计算。

（2）会分析泵与风机各种损失的内容及效率。

（3）能通过实验绘制泵与风机性能曲线，并分析流量与扬程（全风压）、功率及效率的关系。

（4）能比较、分析离心式、轴流式泵与风机性能曲线的特点。

（5）能够明确比例定律及比转数的意义。

（6）能够分析汽蚀现象、产生原因及防止措施，会计算并确定离心泵的安装高度。

任务一　泵与风机的性能参数认知

【任务导入】

泵与风机的工作可用一些物理量来表述，这些量既能反映不同形式泵与风机的工作能力、结构特点、运行经济性和安全性，又能说明运行中泵与风机不同的工作状态，因此，称它们为泵与风机的性能参数，包括流量、扬程（或全风压）、功率、效率、转速，水泵还有允许吸上真空高度和允许汽蚀余量等。在泵与风机的铭牌上，一般都标有这些参数的具体数据，以说明泵与风机在最佳或额定工作状态时的性能。

一、流量

流量是指单位时间内泵与风机输送流体的数量，有体积流量和质量流量之分。体积流量用 q_V 表示，常用单位为 m^3/s、m^3/h。质量流量用 q_m 表示，常用单位为 kg/s、t/h。体积流量与质量流量间的关系为：

$$q_m = \rho q_V \tag{2-1}$$

式中，ρ 为输送流体的密度，kg/m³。

泵与风机的流量可通过装设在其工作管路上的流量计测定。测量的方法较多，电厂常用孔板或喷嘴等流量计来测定。

二、扬程

扬程（全风压）是指流体通过泵或风机后获得的总能头，也就是用被输送流体柱高度表示的单位质量流体通过泵或风机后所获得的机械能，用 H 表示，常简写为 m。工程上，泵习惯用扬程作参数。以图 2-1 泵轴中心线所在的水平面为基准面，设泵进口和出口处分别为断面 1—1 与 2—2，则扬程的数学表达式可写为：

$$H = E_2 - E_1 \tag{2-2}$$

式中，E_1 为泵进口断面 1—1 处液体的总能头，m；E_2 为泵出口断面 2—2 处液体的总能头，m。

由流体力学知，液体总能头由压力能头 $\left(\dfrac{p}{\rho g}\right)$、速度能头 $\left(\dfrac{v^2}{2g}\right)$ 和位置能头（z）三部分组成，故

$$E_2 = \frac{p_2}{\rho g} + \frac{v_2^2}{2g} + z_2$$

$$E_1 = \frac{p_1}{\rho g} + \frac{v_1^2}{2g} + z_1$$

式中，p_2、p_1 分别为泵 2、1 断面中心处的液体压力，Pa；v_2、v_1 分别为泵 2、1 断面上流体的平均流速，m/s；z_2、z_1 分别为泵 2、1 断面中心到基准面的距离，m；ρ 为被送液体的密度，kg/m³。

因此，泵的扬程又可写为：

$$H = \frac{p_2 - p_1}{\rho g} + \frac{v_2^2 - v_1^2}{2g} + (z_2 - z_1)$$

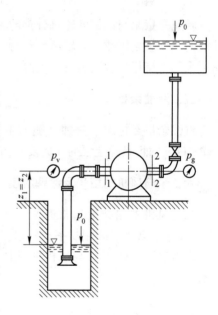

全风压是指单位体积的流体通过泵或风机后所获得的机械能，用 p 表示，可简称为全压，其单位为 Pa 或 mmH₂O。习惯上，风机用全风压作参数。由于 ρg 表示单位体积流体所具有的重量，所以全风压与扬程之间的关系可用下式表示：

$$p = \rho g H \tag{2-3}$$

图 2-1 扬程的确定

三、功率与效率

功率通常是指泵或风机的输入功率，也就是原动机传到泵或风机轴上的功率，又称轴功率，用 P 表示，单位为 kW。

效率是泵或风机总效率的简称，指泵或风机的输出功率与输入功率之比的百分数，反映泵或风机在传递能量过程中轴功率被损失的程度，用符号 η 表示，即

$$\eta = \frac{P_e}{P} \times 100\% \qquad (2\text{-}4)$$

式中，P_e 为泵或风机的输出功率，即通过泵或风机的流体在单位时间内从泵或风机中获得的能量。

P_e 是轴功率中被有效传递的部分，又称有效功率。若测得泵或风机的体积流量为 q_V，扬程为 H 或全风压为 p，输送流体的密度为 ρ 时，则泵的有效功率为：

$$P_e = \frac{\rho g q_V H}{1000} \qquad (2\text{-}5)$$

风机的有效功率为：

$$P_e = \frac{q_V P}{1000} \qquad (2\text{-}6)$$

其大小通常用电测法测出原动机输入功率 P_g' 后，再扣除功率传递过程中原动机和传动装置的损失而求得。若原动机的效率为 η_g、传动装置的效率为 η_c，则

$$P = P_g' \eta_g \eta_c \qquad (2\text{-}7)$$

四、转速

转速是指泵与风机叶轮每分钟的转数，用 n 表示，单位为 r/min。它是影响泵与风机性能的一个重要因数，当转速变化时，泵或风机的流量、扬程、功率等都要发生变化。转速可采用手持机械转速表或闪光测速仪进行测量。

五、汽蚀余量

汽蚀余量是标志泵汽蚀性能的重要参数，用 Δh 表示。汽蚀余量又称净正吸入水头（NPSH），它也是确定泵的几何安装高度的重要参数。

六、泵与风机的型号及铭牌解读

泵与风机的铭牌上通常有泵与风机的型号，以及额定工况下泵与风机的扬程（全压）、流量、转速、配用功率、效率、比转数、必需汽蚀余量等参数。

性能参数反映了泵与风机的整体性能，泵与风机的型号里包含了部分重要的性能参数。

（一）泵的型号及意义

1. 离心泵型号编制

各类离心泵的型号已实现了标准化，并依照用途的不同实现了系列化，以一个或几个汉语拼音字母作为系列代号，在每一系列内，又有各种不同的规格。我国常见的泵类产品型号的编制由四个部分组成。其组成方式如下：

Ⅰ-Ⅱ-Ⅲ-Ⅳ

Ⅰ通常代表泵的吸入口直径，是用 "mm" 为单位的阿拉伯数字表示，如 80、100 等。但老产品用英寸 "in" 表示，即吸入口直径被 25 除后的整数，如 2、3、4、6 等。

Ⅱ代表泵的基本结构、特征、用途及材料等，用汉语拼音字母的字首标注，具体意义

见表 2-1。

表 2-1　部分离心泵的形式及代号

泵 的 形 式	代　号	泵 的 形 式	代　号
单级单吸离心泵	IS（B）	大型立式单级单吸离心泵	沅江
单级双吸离心泵	S（SH）	卧式凝结水泵	NB
分段式多级离心泵	D	立式凝结水泵	NL
立式多级筒形离心泵	DL	立式多级筒袋形离心式凝结水泵	LDTN
分段式多级离心泵首级双吸	DS	卧式疏水泵	NW
分段式锅炉多段离心泵	DG	单吸离心式油泵	Y
圆筒形双壳体多级卧式离心泵	YG	筒形离心式油泵	YT
中开式多级离心泵	DK	单级单吸卧式离心灰渣泵	PH
中开式多级离心泵首级双吸	DKS	液下泵	FY
前置泵（离心泵）	GQ	长轴离心式深井泵	JC
多级前置泵（离心泵）	DQ	井用潜水泵	QJ
热水循环泵	R	单级单吸耐腐蚀离心泵	IH
大型单级双吸中开式离心泵	湘江	高扬程卧式耐腐蚀污水泵	WGF

　　Ⅲ代表离心泵的扬程及级数，单级扬程用以 mH_2O 为单位的阿拉伯数字表示，若为多级泵，另外标级数，总扬程为这两个数的乘积。

　　Ⅳ代表离心泵的变型产品，用大写汉语拼音 A、B、C 表示。

　　2. 离心泵型号的形式

　　离心泵基本形式有以下两种。

　　形式一：

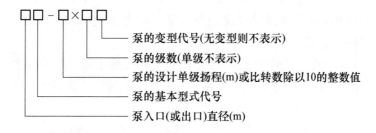

　　形式二：

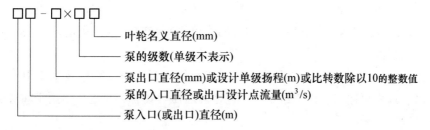

例如：

3S33A 表示吸入口直径 3 in，扬程 33 mH_2O，叶轮经第一次切割的单级双吸悬臂式离心水泵。

100D16×8 表示吸入口径为 100 mm，8 级分段式多级离心泵，单级扬程为 16 mH₂O，总扬程为 16×8 = 128 mH₂O。

105F-35 表示吸入口直径为 105 mm，单级悬臂式耐腐蚀泵，额定扬程为 35 m。

80Y100×2A 表示泵的吸入口直径为 80 mm，单吸离心式油泵，单级额定扬程为 100 m，2 级，总扬程为 100×2 = 200 mH₂O，叶轮经第一次切割。

3. 离心泵的型号编制及应用

（1）IS 型离心泵的型号编制及应用。IS 型离心泵的型号编制中表示有吸入口、排出口和叶轮直径的大小，由五个部分组成，组成方式如下：

$$Ⅰ-Ⅱ-Ⅲ-Ⅳ-Ⅴ$$

Ⅰ代表离心泵的形式，用符号"IS"表示；Ⅱ代表离心泵的吸入口直径，以 mm 为单位，用阿拉伯数字表示；Ⅲ代表离心泵的排出口直径，以 mm 为单位，用阿拉伯数字表示；Ⅳ代表离心泵的叶轮名义直径（公称直径），以 mm 为单位，用阿拉伯数字表示。Ⅴ代表离心泵的变型产品，用 A、B、C 三个字母表示。

IS 型离心泵系单级单吸离心泵，供输送清水或物理及化学性质类似清水的其他液体之用，液体温度不高于 80 ℃。IS 离心泵适用于工业和城市给水排水及农田排灌；ISR 型热水离心泵是 IS 型离心泵的派生系列，其性能、曲线、安装尺寸与 IS 泵对应相同，供输送清水或物理化学性质类似于清水的液体，工作温度不高于 150 ℃，适用于工业和民用建筑业，如冶金、电站、纺织、化工、印染、陶瓷、橡胶、采暖、余热利用、空调等场合。

IS（ISR）系列清水离心泵性能范围为：转速，2900～1450 r/min；进口直径，50～200 mm；流量，6.3～400 m³/h；扬程，5～125 mH₂O；功率，0.55～110 kW。

例如，IS80-65-160 表示单级单吸离心泵，泵入口直径 80 mm，泵出口直径 65 mm，叶轮公称直径 160 mm。

（2）S 型单级双吸离心泵的应用。S 型单级双吸离心泵主要适用于自来水厂、空调循环用水、建筑供水、灌溉、排水泵站、电站、工业供水系统、消防系统、船舶工业等输送液体的场合。

S 型单级双吸离心泵性能范围为：泵出口直径，DN80～DN800 mm；流量，72～11600 m³/h；扬程，12～125 mH₂O。

例如，150S78A 表示泵入口直径 150 mm，单级双吸离心泵，额定扬程 78 mH₂O，叶轮外径第一次切制。

（3）NL、NLT 立式凝结水泵的应用。立式凝结水泵用于高层建筑生活用水、高层建筑消防用水、远距离输水、锅炉给水、工艺循环增压等场合，在电厂多用于输送温度低于 80 ℃的凝结水。

NL、NLT 立式凝结水泵性能范围为：流量，250～2500 m³/h；扬程，25～400 mH₂O；转速，1450 r/min。

例如，NLT350-400×6S 表示凝结水泵（N），立式布置（L），筒袋（T），泵出口直径

350 mm，叶轮直径 400 mm，叶轮级数 6 级，首级叶轮双吸。

（二）风机的型号及意义

1. 离心风机的型号编制

离心风机的型号编制通常由名称、型号、机号、传动方式、旋转方向、出风口位置等 6 部分内容组成，具体说明如下。

（1）名称。指通风机的用途，如 G 表示锅炉送风机，Y 表示锅炉引风机，M 表示煤粉风机等。

（2）型号。由基本型号和补充型号组成，其形式如下：

$$\text{I - II - III}$$

前两组为基本型号，第一组为数字，表示压力系数乘以 10 后取整数。第二组也为数字，表示比转数取整数的值。第三组为补型号，由两位数组成：第一位数字表示风机的进气方式的代号，0 表示双吸风机，1 表示单吸风机，2 表示两级串联风机；第二位数字表示设计序号。

（3）机号。用通风机叶轮直径的分米数表示，数字前冠以 No。

（4）传动方式。离心风机传动方式有 6 种，分别以大写字母 A、B、C、D、E、F 表示，见表 2-2 及图 2-2。

表 2-2　离心风机传动方式及结构特点

传动方式	结 构 特 点
A	单吸、单支架，无轴承，与电动机直连
B	单吸、单支架，悬臂支撑，皮带轮在两轴承之间
C	单吸、单支架，悬臂支撑，皮带轮在两轴承外侧
D	单吸、单支架，悬臂支撑，联轴器传动
E	单吸、双支架，皮带轮轴承在外侧
F	单吸、双支架联轴器传动

（5）旋转方向。离心通风机根据旋转方向的不同，分为左旋、右旋两种。从原动机一端正视，叶轮旋转为顺时针方向的称为右旋，用"右"表示；叶轮旋转为逆时针方向的称为左旋，用"左"表示，见图 2-3。

（6）出风口位置。根据使用要求，离心通风机蜗壳出风口方向规定了如图 2-3 所示的基本出风口位置，右旋风机的出风口位置是水平向左方规定为 0 位置，左旋风机的出风口位置是以水平向右规定为 0 位置。

离心风机型号组成如下：

$$①②\text{-}③\text{-}④⑤⑥⑦⑧$$

①为用途：G 为送风机，Y 为引风机，无符号为一般通风机，M 为排粉风机。

②为最佳工况点的压力系数乘以 10 取整后的数值。

③为比转数除以 10。

④为进风形式："1" 为单吸，"2" 为双吸，单吸也可不表示。

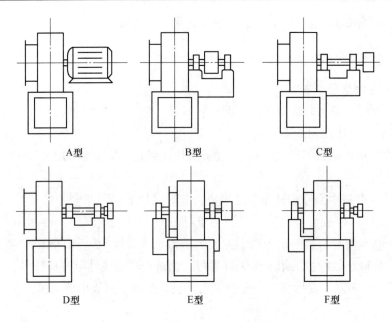

图 2-2　离心风机的传动方式

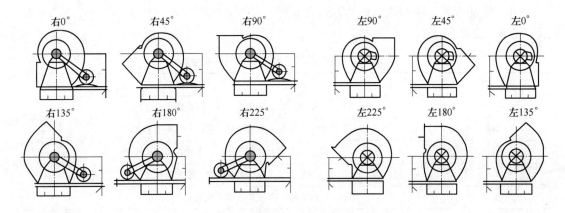

图 2-3　离心风机出风口位置

⑤为设计顺序号。

⑥为机号：叶轮外径（dm）。

⑦为传动方式。

⑧为旋转方向出风口位置。

例如，Y4-13.2（4-73）-01No28F 右 180°，表示锅炉引风机，全压系数为 0.4。比转数值 132，双吸叶轮，第一次设计，叶轮外径 28 dm，F 型传动方式（单吸、双支架联轴器传动），旋转方向为右旋且出风口位置是 180°。

2. 轴流式风机的型号及意义

常规型号组成：

$$①-②③④$$

①为轮毂比（轮毂直径/叶轮直径）。

②为叶轮级数。

③为设计顺序号。

④为机号：叶轮外径（dm）。

例如，G0.7-11No23，表示锅炉轴流式送风机，轮毂比为0.7，单级叶轮，第一次设计，叶轮外径为23 dm。

新产品的型号组成：

$$①A②③-④-⑤$$

①为用途：F表示电站锅炉送风机，S表示电站锅炉引风机，P表示电站锅炉一次风机，A表示轴流式。

②为类型，F表示动叶可调；S表示射流风机。

③为叶轮外径（dm）。

④为轮毂直径（dm）。

⑤为叶轮数（或以N-单级、T-双级表示）。

例如，FAF20-10-1表示锅炉轴流式送风机，动叶可调，叶轮外径为20 dm、轮毂直径为10 dm，一级叶轮。

【综合练习】

2-1-1　泵与风机的基本参数有哪些？

2-1-2　举例说明泵与风机规格型号的意义。

任务二　泵与风机的能量损失分析

【任务导入】

泵与风机的运行经济性往往用效率来评价。据统计，国内火力发电厂的厂用电占总发电量的8%~10%。火力发电厂的锅炉给水泵、凝结水泵和循环水泵所耗电量，约占大容量机组全部厂用电的50%；锅炉送、引风机消耗的电量约占厂用电的25%。所以，降低泵与风机中的能量损失，提高效率，对节约能耗有着重要作用。

泵或风机中能量损失通常按产生的原因分为机械损失、容积损失及水力损失。图2-4是外加于机轴上的轴功率、有效功率、效率及各类损失的关系图。

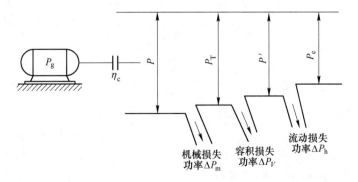

图2-4　泵内能量平衡图

一、机械损失

泵和风机的机械损失包括轴与轴承的摩擦损失、轴与轴封的摩擦损失及叶轮转动时其外表与壳壳内流体之间发生的所谓圆盘摩擦损失。

机械损失包括两部分的摩擦损失，第一部分为轴与轴承和轴与轴封的摩擦损失功率 ΔP_{m1}，第二部分为叶轮圆盘摩擦损失功率 ΔP_{m2}。

$$\Delta P_m = \Delta P_{m1} + \Delta P_{m2} \tag{2-8}$$

（1）轴与轴承和轴与轴封的摩擦损失率 ΔP_{m1}。此项损失与轴承的结构形式、轴封的结构形式、填料种类、轴颈的加工工艺及流体的密度有关，一般用式（2-9）估算：

$$\Delta P_{m1} = (0.01 \sim 0.03)P \tag{2-9}$$

但对小型泵，如填料压得过紧，损失会超过 3%，而达到 5% 左右，甚至造成启动负荷过大，填料发热烧坏。目前很多泵采用机械密封，大大降低了轴封损失。测定泵在没有灌水时空转所消耗的功率就是这项损失。

（2）叶轮圆盘摩擦损失功率 ΔP_{m2}。叶轮在充满流体的蜗壳内旋转时，靠近叶轮前后盘的流体在附着力和黏性力的作用下，将随叶轮一起旋转，如图 2-5 所示。远离转轴半径大的地方惯性离心力大，压力高，靠近转轴半径小的地方惯性离心力小，压力低，因而形成泵腔内叶轮两侧的环状涡流。涡流的能量是叶轮传递给流体的，这就使叶轮多消耗了一部分功率，ΔP_{m2} 可按下式计算：

$$\Delta P_{m2} = K\rho g n^3 D_2^5 \tag{2-10}$$

式中，K 为综合系数，由实验确定，它与雷诺数、相对侧壁间隙 B/D_2、圆盘外表面和壳腔内表面的粗糙度有关。

圆盘损失在机械损失中占重要成分，在低比转数离心泵中尤为显著（高比转数泵与风机，如轴流泵与风机，不考虑此项损失）。通常可采取如下措施降低泵与风机的圆盘损失。

（1）为了提高能头，不再采用增大叶轮直径的办法，而采用多级叶轮（叶轮级数过多将增加轴的长度，因此近代已趋向于提高转速来减小叶轮级数）。

（2）降低叶轮盖板外表面和壳腔内表面的粗糙度，如将铸铁壳腔内表面涂漆后效率可提高 2%~4%。

（3）如图 2-5（a）所示，叶轮与壳体间隙 B 的大小对圆盘损失也有影响，因此应选择合理的相对侧壁间隙 B/D_2，使之等于 2%~5%。

（4）采用开式泵腔，使泵腔中由于圆盘摩擦使能量提高的流体大部分流入压出室回收能量，如图 2-5（b）所示。

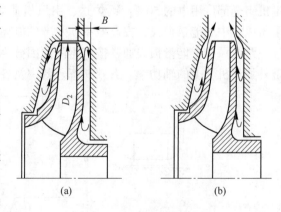

图 2-5　圆盘摩擦损失

（a）闭式泵腔；（b）开式泵腔

从以上分析可知，机械损失并不改变流体所获得的能头的大小，而只是增加了原动机输送给泵的轴功率，使得轴功率为：

$$P = P_T + \Delta P_{m1} + \Delta P_{m2}$$

从而降低了效率。对于给定的泵与风机，机械损失不随负荷而改变。

二、容积损失

在泵与风机中，动静部件之间存在着一定的间隙，当叶轮旋转时，在间隙两侧存在着压力差，因而使一部分已经从叶轮获得能量的流体在压差作用下从高压侧通过间隙向低压侧流动，造成能量损失，这种损失称为容积损失，亦称泄漏损失。

容积损失主要有以下几种：

（1）叶轮入口处与外壳之间密封环的泄漏量 q_{V1}。如图 2-6 所示，叶轮入口处高压流体经密封环的间隙漏回叶轮的进口，这部分流体的能量消耗在克服间隙的阻力损失上。为了减少泄漏量 q_{V1}，密封环间隙应尽量缩小，但过小又会造成机械摩擦，一般不应小于 0.2 mm，当密封环在长时间运行后，受到过度磨损使密封间隙增大，应当在大修中进行更换。

（2）平衡轴向力装置所引起的泄漏量 q_{V2}。平衡孔、平衡管或平衡盘等都会使一部分获得能量的流体漏回到泵的进口，其大小与平衡装置的具体结构有关。

（3）轴封泄漏 q_{V3}。无论哪种轴封，都存在一定的泄漏量，但在正常情况下，与其他项相比其值很小，可以忽略不计。

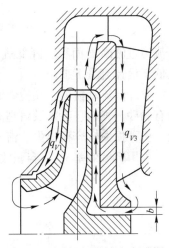

图 2-6　密封环泄漏与级间泄漏

轴流式泵与风机的容积损失，主要是通过叶片顶部与外壳间隙的回流。

减小容积损失的措施，关键在于减小泄漏部位的间隙有效面积和增加泄漏液流的流动阻力。因此，采用流道长、宽度小和弯曲次数较多的密封结构形式，对减小容积损失最为有利，同时应在运行中长期保持合理间隙。

由以上分析可知，容积损失并不直接影响流体所获得的能头的大小，而只是减少了流体流出叶轮的流量，从而降低了有效功率，使效率降低。

三、流动损失

流动损失包括两部分：

（1）流动阻力损失。它相当于流体流动过程中的沿程阻力损失 h_i 和局部阻力损失 h_j，其值与流道的粗糙程度、各部件的形状、尺寸和它们之间的组合情况有关。

（2）冲击损失。流体在叶片中的流动，在设计工况下，相对速度方向与叶片一致，无冲击损失，但当泵与风机在大于设计流量下运行时，进口速度三角形的流动角大于进口安装角 $(\beta_1 > \beta_{1y})$，冲角 $\alpha = \beta_{1y} - \beta_1 < 0$（称为负冲角），在叶片的工作面区流体会严重脱壁而形成较强的涡旋区，导致较大的撞击损失，如图 2-7 所示。

反之，当流量小于设计流量时，$\beta_1 < \beta_{1y}$，$\alpha > 0$，进入流体发生正冲角，在叶片的非工作面区形成较小的涡旋区，产生较小的撞击损失。由于正冲角时损失小，且又可以增大入

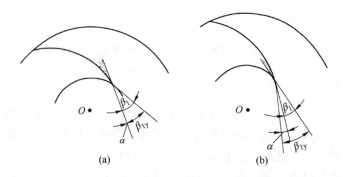

图 2-7　流量变化时的冲击损失

（a）大于设计流量时的负冲角；（b）小于设计流量时的正冲角

口流道过流断面面积，降低进口流速，有利于提高泵的抗汽蚀性能，故允许泵（风机）在低于设计流量下工作。

要降低流动损失，在检修时应提高工艺水平，保证流道表面的光洁度，不允许流道表面有黏砂、飞边、毛刺及铸造缺陷等。该项损失直接降低了泵与风机的能头，使效率降低，机械损失、容积损失、流动损失三种损失的大小，反映了泵与风机结构与性能的好坏，可用机械效率 η_m、容积效率 η_V、流动效率 η_h 衡量：

$$\eta_m = \frac{P - \Delta P_m}{P} = \frac{P_m}{P} \tag{2-11}$$

$$\eta_V = \frac{P_m - \Delta P_V}{P_m} = \frac{P_V}{P_m} \tag{2-12}$$

$$\eta_h = \frac{P_V - \Delta P_h}{P_V} = \frac{P_e}{P_V} \tag{2-13}$$

泵与风机的效率　　　　　$$\eta = \frac{P_e}{P} = \frac{P_m}{P} \frac{P_V}{P_m} \frac{P_e}{P_V} = \eta_m \eta_V \eta_h \tag{2-14}$$

一般情况下，离心泵在额定负荷下的机械效率可达 $90\% \sim 98\%$，容积效率可达 $94\% \sim 99\%$，流动效率可达 $80\% \sim 95\%$。对于单级离心泵而言 $\eta = 0.6 \sim 0.92$，多级离心泵 $\eta = 0.6 \sim 0.86$，离心风机的效率 $\eta = 0.5 \sim 0.93$。

【拓展知识】

水泵密封与能量损失

水泵密封主要解决水泵运行中的泄露问题及保护主要部件，合理处理泄漏问题，可以有效控制能量损失，水泵泄漏点主要有五处：（1）轴套与轴间的密封。（2）动环与轴套间的密封。（3）动、静环间的密封。（4）对静环与静环座间的密封。（5）密封端盖与泵体间的密封。

一般来说，轴套外伸的轴间、密封端盖与泵体间的泄漏比较容易发现和解决，要细致观察，在长期管理、维修实践的基础上，对泄漏症状进行观察、分析、研判，才能得出正确结论。

（一）泄漏原因分析及判断

1. 安装静试时泄漏

机械密封安装调试好后，一般要进行静试，观察泄漏量。如泄漏量较小，多为动环或静环密封圈存在问题；泄漏量较大时，则表明动、静环摩擦副间存在问题。在初步观察泄漏量、判断泄漏部位的基础上，再手动盘车观察，若泄漏量无明显变化则静、动环密圈有问题，如盘车时泄漏量有明显变化则可断定是动、静环摩擦副存在问题；如泄漏介质沿轴喷射，则动环密封圈存在问题居多，泄漏介质向四周喷射或从水冷却孔中漏出，则多为静环密圈失效。此外，泄漏通道也可同时存在，但一般有主次区别，只要观察细致，熟悉结构，一定能正确判断。

2. 试运转时出现的泄漏

泵用机械密封经过静试后，运转时高速旋转产生的离心力，会抑制介质的泄漏。因此，试运转时机械密封泄漏在排除轴间及端盖密封失效后，基本上都是由于动、静环摩擦副受破坏所致。引起摩擦副密封失效的因素主要有：

（1）操作中，因抽空、气蚀、憋压等异常现象，引起较大的轴向力，使动、静环接触面分离。

（2）安装机械密封时压缩量过大，导致摩擦副端面严重磨损、擦伤。

（3）动环密封圈过紧，弹簧无法调整动环的轴向浮动量。

（4）静环密封圈过松，当动环轴向浮动时，静环脱离静环座。

（5）工作介质中有颗粒状物质，运转中进入摩擦副，探伤动、静环密封端面。

（6）设计选型有误，密封端面比压偏低或密封材质冷缩性较大等。

上述现象在试运转中经常出现，有时可以通过适当调整静环座等予以消除，但多数需要重新拆装，更换密封。

3. 正常运转中突然泄漏

离心泵在运转中突然泄漏，少数是因正常磨损或已达到使用寿命，而大多数是由于工况变化较大或操作、维护不当引起的，主要包括：

（1）抽空、气蚀或较长时间憋压，导致密封破坏。

（2）对泵实际输出量偏小，大量介质泵内循环，热量积聚，引起介质气化，导致密封失效。

（3）回流量偏大，导致吸入管侧容器（塔、釜、罐、池）底部沉渣泛起，损坏密封。

（4）对较长时间停运，重新启动时没有手动盘车，摩擦副因粘连而扯坏密封面。

（5）介质中腐蚀性、聚合性、结胶性物质增多。

（6）环境温度急剧变化。

（7）工况频繁变化或调整。

（8）突然停电或故障停机等。

离心泵在正常运转中突然泄漏，如不能及时发现，往往会酿成较大事故或损失，需予以重视并采取有效措施。

（二）泵用机械密封检修中的几个误区

（1）弹簧压缩量越大密封效果越好。其实不然，弹簧压缩量过大，可导致摩擦副急剧磨损瞬间烧损，过度的压缩使弹簧失去调节动环端面的能力，导致密封失效。

（2）动环密封圈越紧越好。其实动环密封圈过紧有害无益。一是加剧密封圈与轴套间的磨损，过早泄漏；二是增大了动环轴向调整、移动的阻力，在工况变化频繁时无法适时进行调整；三是弹簧过度疲劳易损坏；四是使动环密封圈变形，影响密封效果。

（3）静环密封圈越紧越好。静环密封圈基本处于静止状态，相对较紧密封效果会好些，但过紧也是有害的。一是引起静环密封圈过度变形，影响密封效果；二是静环材质以石墨居多，一般较脆，过度受力极易引起碎裂；三是安装、拆卸困难，极易损坏静环。

（4）叶轮锁母越紧越好。机械密封泄漏中，轴套与轴之间的泄漏（轴间泄漏）是比较常见的。一般认为，轴间泄漏就是叶轮锁母没锁紧，其实导致轴间泄漏的因素较多，如轴间垫片失效偏移、轴间内有杂质、轴与轴套配合处有较大的形位误差、接触面破坏、轴上各部件间有间隙轴头螺纹过长等都会导致轴间泄漏。锁母锁紧过度只会导致轴间垫过早失效，相反适度锁紧锁母，使轴间垫始终保持一定的压缩弹性，在运转中锁母会自动适时锁紧，使轴间始终处于良好的密封状态。

（5）新的比旧的好。相对而言，使用新机械密封的效果好于旧的，但新机械密封的质量或材质选择不当时，配合尺寸误差较大会影响密封效果，在聚合性和渗透性介质中，静环如无过度磨损，还是不更换为好。因为静环在静环座中长时间处于静止状态，使聚合物和杂质沉积为一体，起到了较好的密封作用。

【综合练习】

2-2-1　分析泵与风机产生各种损失的原因，列举提高各种效率的方法。

2-2-2　分析密封与泄露的关系。

任务三　泵与风机的性能曲线分析

【任务导入】

泵与风机的性能曲线是指在某一特定的转数下，扬程 H（全压 p）、轴功率 P 和效率 η 等性能参数随流量 q_V 的变化关系以曲线形式来表示，这些曲线称为性能曲线。性能曲线既反映了泵与风机的工况，也比较直观地描述了泵或风机的性能。一般来说，最高效率下的流量、扬程和轴功率就是最佳工况，但实际上往往还规定了一个最佳工作范围，以便使运行时效率不至于太低。性能曲线对用户选择泵与风机、经济合理地使用泵与风机起着十分重要的作用。

一、泵与风机的理论性能曲线

泵的主要性能曲线有：

泵与风机所提供的流量和扬程（全压 p）之间的关系，用 $H = f_1(q_V)$（全压 $p = f_1(q_V)$）来表示；泵与风机所提供的流量和所需外加轴功率之间的关系，用 $P = f_2(q_V)$ 来表示；泵与风机所提供的流量与设备本身效率之间的关系，用 $\eta = f_3(q_V)$ 来表示。

从欧拉方程出发，可以在假定的理想条件下得到 $H_{T\infty} = f_1(q_{VT})$ 及 $P_{T\infty} = f_2(q_{VT})$ 的关系曲线，如图 2-8 及图 2-9 所示。

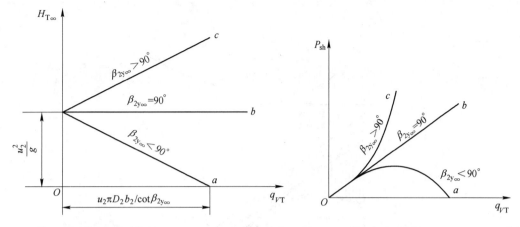

图 2-8　不同叶型叶轮的 $H_{T\infty} = f_1(q_{VT})$ 曲线　　图 2-9　不同叶型叶轮的 $P_{T\infty} = f_2(q_{VT})$ 曲线

从图 2-9 中的 $P = f_2(q_V)$ 曲线可以看出，前向叶型（$\beta_{2y} > 90°$）的泵或风机所需要的轴功率随流量的增加而增长得很快。因此，这种风机在运行中增加流量时，其原动机超载的可能性要比径向叶型（$\beta_{2y} = 90°$）的泵或风机大得多，而后向叶型（$\beta_{2y} < 90°$）的叶轮一般不会发生原动机超载的现象。

二、泵与风机的实际性能曲线

（一）理论分析绘制的性能曲线

图 2-8 所示的 $H_{T\infty}$-q_{VT} 是在不计各种损失的理想状况下，无限叶片泵与风机的理论性能曲线。实际运行中，叶轮的叶片数是有限的，泵与风机内流动情况十分复杂，伴随着各项损失，与实际情况是不相符的。为了得到实际情况下的 H-q_V 性能曲线，必须考虑实际情况进行修正，现以后弯式叶轮的离心式泵为例，对理论流体 $H_{T\infty}$-q_V 曲线进行修正。对于有限数叶片的叶轮，由于轴向涡流的影响，从而使扬程降低，可用滑移系数 K 进行修正。因此，叶片有限时的 H_T-q_{VT} 曲线，也是一条向下倾斜的直线，且随 q_{VT} 的减少轴向涡流使能头减小得更多。因此，H_T-q_{VT} 曲线倾斜地位于无限多叶片 $H_{T\infty}$-q_{VT} 曲线之下，如图 2-10 所示。由于实际流体黏性的影响，离心式泵产生的能头还要在 H_T-q_{VT} 曲线上减去因流动损失和冲击损失而减少的能头。流动损失 h_w 随流量的平方而增加，冲击损失 h_s 在设计工况下为零，在偏离设计工况时则按抛物线规律而增加，在减去不同流量下的流动损失 h_w 和冲击损失 h_s 后即得到图 2-10 中曲线 H-q_{VT}。除此之外，还需考虑容积损失对性能曲线的影响。因此，还需在 H-q_{VT} 曲线上减去相应的泄漏量 q'_V，即得到流量与实际扬程的性能曲线 H-q_V，如图 2-10 所示。

风机的 p-q_V 曲线与泵的 H-q_V 曲线的分析方法相同。

泵与风机的轴功率与流量之间的关系曲线也可由上述方法得出。机械损失不会直接降低泵与风机获得的能头，但可以影响泵与风机的轴功率。由理论轴功率与理论流量的关系曲线 P_T-q_{VT} 经修正得出轴功率曲线 P-q_V。

泵的效率曲线 η-q_V 可在已知扬程曲线和轴功率曲线计算出：

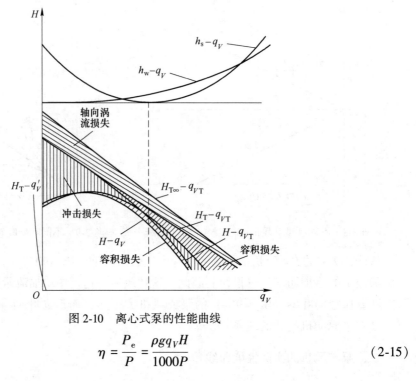

图 2-10　离心式泵的性能曲线

$$\eta = \frac{P_e}{P} = \frac{\rho g q_V H}{1000P} \tag{2-15}$$

由式（2-15）可见，当 $q_V = 0$ 时，$\eta = 0$；当 $H = 0$ 时，$\eta = 0$。因此，$\eta\text{-}q_V$ 曲线是一条通过坐标原点又与横坐标轴相交的曲线。由于泵与风机内各种损失的存在，实际的性能曲线位于理论曲线的下方。曲线上最高效率 η_{max} 点，即为泵与风机设计工况点。

（二）实测绘制的性能曲线

上述理论分析得出性能曲线的方法，不能精确地反映性能参数之间的关系，仅可用来定性分析。实际使用的性能曲线，一般是泵与风机制造厂通过实验台实测的。图 2-11 所示为一种离心式泵性能试验装置，此装置采用薄壁直角三角堰测量流量，也可采用孔板流量计或文丘里流量计来测量流量。在入口和出口压力值测出后，即可求出泵的实际扬程。试验时，保持转速固定不变（如转速有变化按相似理论将对应的参数换算成相同转速下的参数），用阀门控制流量的大小，在不同的流量下测算出相应的扬程，这样就可绘制出流量和扬程的关系曲线 $H\text{-}q_V$。

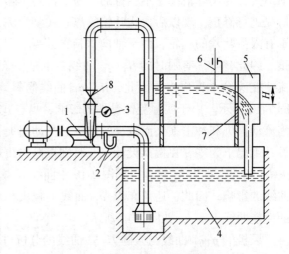

图 2-11　离心式泵性能试验装置
1—离心式泵；2—水银真空计；3—压力表；4—吸水池；
5—堰槽；6—测针；7—薄壁直角三角堰；8—调节阀

　　泵的轴功率的测量一般可采用测功电动机或电功率表。对应于上述试验的不同流量，可测出相应的轴功率 P，这样就可绘出流量和轴功率的关系曲线 $P\text{-}q_V$。

　　效率曲线 $\eta\text{-}q_V$ 可用上述的各个不同的流量下对应的扬程 H 和轴率 P 求出。

　　离心风机的性能试验装置可分为进气试验装置和排气试验装置等，图 2-12（a）为进气试验装置，图 2-12（b）为出气试验装置。试验管段内设有毕托管测气流速度，从而求出流量，这就需要毕托管测量多个测点，从测量值中求出平均流速。测点的分布与平均流速的算法有关。静压的测量可在测量断面上装设多个静压测点，进而求出测量断面上的平均静压，如图 2-12（c）所示。根据测量值，可分别求出风机的全压。这样就可绘出流量与全压关系曲线 $p\text{-}q_V$、流量与静压的关系曲线 $p_{st}\text{-}q_V$，同样的方法可计算并绘制轴功率曲线 $P\text{-}q_V$ 效率曲线 $\eta\text{-}q_V$ 等。

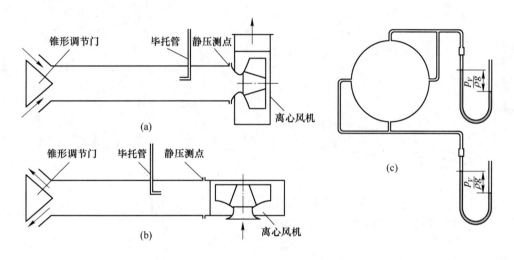

图 2-12　离心风机性能试验装置

（a）进气实验装置；（b）排气试验装置；（c）静压测定

　　轴流式泵与风机的性能曲线也可用类似的方法测绘出。与离心式泵与风机不同的是，轴流式泵与风机性能曲线的形状特点与离心式的有明显的不同。

　　为了使用方便，通常将某一型号泵的常用性能曲线，包括扬程曲线、轴功率曲线、效率曲线绘制在同一张图上。图 2-13 为由试验测得的 $1\frac{1}{2}$ BA-6 型离心式泵的性能曲线，此图是在 $n=2900$ r/min 的条件下测得的。该泵的标准叶轮直径为 128 mm。制造厂还可以提供两种经过切削的较小直径的叶轮，直径分别是 115 mm 及 105 mm。经过切削的叶轮泵的性能曲线也绘于同一图上。图 2-14 为典型的固定叶片轴流式泵与风机的性能曲线，包括全风压和风量的关系曲线 $p\text{-}q_V$，以及静风压和风量的关系曲线 $p_{st}\text{-}q_V$。

三、泵与风机的性能分析

（一）离心式泵与风机的性能曲线分析

　　如图 2-13 所示，每在一个给定流量下，均有与之相对应的扬程 H 或全压 p、功率 P

及效率值 η ，这一组参数就称为一个工况点。效率最高时对应的工况点称为最佳工况点，它是泵与风机运行时最经济的一个工况点。在最佳工况点左右的区域（一般不低于最高效率的 85%~90%）称为经济工作区或高效工作区，经济工作区越宽，泵与风机变工况运行的经济性越高。一般认为最佳工况点应与设计工况点相重合。最佳工况点对应的一组参数值，即为泵与风机铭牌上所标出的数据。制造厂对某些泵与风机常提供高效区域的性能曲线，以便用户选择时，使其在高效工作区内运行，以提高其运行经济性。

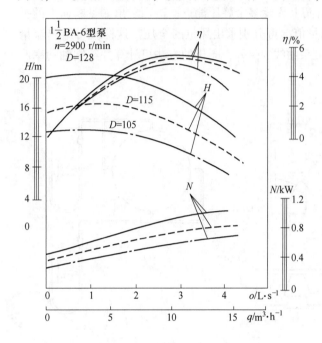

图 2-13　离心式泵的性能曲线

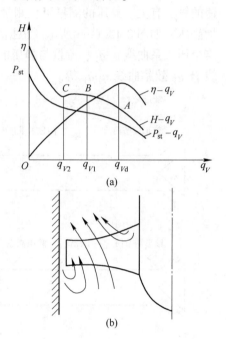

图 2-14　轴流式泵与风机的性能曲线

（a）轴流式泵与风机的性能曲线形状；

（b）轴流式泵与风机的二次回流

当阀门全关时，$q_V = 0$、$H = H_0$、$P = P_0$，该工况为空转状态，空载功率 P_0 主要消耗在机械损失上。在空转状态时，泵与风机内部存在大范围的漩涡，从而使水温迅速升高，导致泵壳变形、轴弯曲以致汽化，特别是锅炉给水泵及凝结水泵输送的是饱和液体。因此，为了防止汽化，一般不允许在空转状态下运行（特殊注明允许的除外）。如在运行中负荷降低到所规定的最小流量时，则应开启泵的旁路管。

离心式泵与风机在空转状态时，轴功率（空载功率）最小，一般为设计轴功率的30%左右。为了避免电流过大，原动机过载，离心式泵与风机要在阀门全关的状态下启动，待运转正常后，再开大出口管路上的调节阀门，使泵与风机投入正常运行。

后弯式叶轮泵与风机的 $H-q_V$ 性能曲线，总的趋向是随着流量的增加而下降。但由于其结构形式和出口安装角的不同，通常可以分为三种基本类型：平坦形、陡降形和驼峰形，如图 2-15 所示。

（1）曲线 a 为陡降形，这种曲线具有 25%~30% 的斜度，其特点是，当流量变动不大时，扬程（全压）变化较大，适用于能量头变化大而流量变化小的情况，比如电厂的循

环水水位变化波动较大，循环水泵就可以选用这种
性能曲线的泵。

（2）曲线 b 为平坦形，这种曲线具有 8%～
12% 的斜度，即当流量变化较大时，扬程（全压）
变化较小，适用于流量变化大而要求能量头变化小
的情况，如电厂汽包锅炉的给水泵最宜选择这种形
式性能曲线，因为锅炉给水泵要求在流量变化较大
时，扬程变化较小。另外，当要求流量的较大范围
内变化，而在小流量时节能，也可以选择平坦形的
$H\text{-}q_V$ 性能曲线。

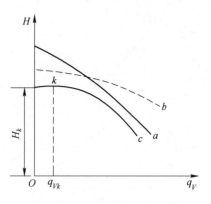

图 2-15　离心式泵后弯式叶轮

（3）曲线 c 为驼峰形，其扬程（全压）随流
量的变化先增加后减小，曲线上 k 点流量 q_{Vk} 对应扬程（全压）为最大值 H_k，在 k 点左
边的上升段工作是不稳定的，在此区域工作时容易发生喘振（或称为飞动现象），从而影
响泵与风机的稳定工作，因此，一般不希望使用具有驼峰形曲线的泵与风机，即便使用，
也只允许在 $q_V > q_{Vk}$ 时运转。前弯式叶片的叶轮的理论 $H_{T\infty}\text{-}q_{VT}$ 曲线为一上升直线（如图
2-8 所示），在其上扣除轴向涡流及损失扬程后，所得到的实际 $H\text{-}q_V$ 性能曲线是一具有较
宽不稳定工作段的驼峰形曲线，而且 k 点离纵坐标越远，不稳定工作段越宽。如果泵与风
机在不稳定工作段工作，将导致喘振。因此，不允许在此区段工作。由 $P\text{-}q_V$ 性能曲线
（如图 2-9 所示），前弯式叶轮随流量的增加，功率急剧上升，因此原动机容易超载。所
以，对前弯式叶轮的风机在选用原动机时容量富裕系数 K 值应取得大些。前弯式叶轮效
率远低于后弯式。

综上所述，为了提高风机效率，节约能耗，目前大中型风机均采用效率较高的后弯式
叶片。

（二）轴流式泵与风机的性能曲线分析

与离心式泵与风机一样，轴流式泵与风机的性能曲线也是指在一定转速下，流量 q_V
与扬程 H（或全压 p）、功率 P 及效率 η 等性能参数之间的内在联系，其性能曲线也是根
据实测获得的。图 2-16 所示为轴流式泵与风机的性能曲线示例，从图中可以看出，轴流
式泵与风机的性能曲线具有如下特点：

（1）$H\text{-}q_V$ 曲线呈陡降形，曲线上有拐点。扬程 H（或全压 p）随流量的减小而剧烈
增大，当流量 $q_V =0$ 时，其空转扬程 H（或全压 p）达最大值。这是因为当流量比较小
时，在叶片的进出口处产生二次回流现象，部分从叶轮中流出的流体又重新回到叶轮中被
二次加压，使压头增大。同时，由于二次回流的反向冲击造成的水力损失，致使机器效率
急剧下降。因此，轴流式泵或风机在运行过程中适宜在较大的流量下工作。

（2）$P\text{-}q_V$ 曲线也呈陡降形，所需轴功率随着流量减少而迅速增加。当流量 $q_V =0$ 时，
功率 P 达到最大值，此值要比最高效率工况时所需的功率大 1.2～1.4 倍。因此，同离心
式泵与风机相反，轴流式泵或风机应当在管路畅通下开动。尽管如此，当启动与停机时，
总是会经过最低流量的，所以，轴流式泵或风机的最高效率所配用的电动机要有足够的
余量。

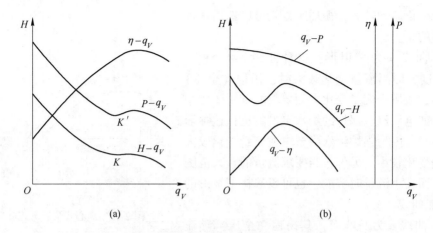

图 2-16　轴流式泵与风机的性能曲线

（a）轴流式泵的性能曲线；（b）轴流式风机的性能曲线

（3）η-q_V 曲线呈驼峰形，这表明轴流式泵或风机的高效率工作范围很窄，一般都不设置调节阀门来调节流量，而是采用调节叶片安装角度的方式调整。

四、影响泵与风机性能的因素

（一）泵与风机的结构形状

显然，离心式泵与风机的叶轮结构和泵与风机的性能有着密切的关系，但各参数的变化又是相互影响的，为了简化，我们只讨论它们各自对性能的影响，而不考虑它们之间的互相影响。

1. 叶片进口安装角 β_{1y}

在泵与风机中，如果流体的流入角 β_1 等于叶片进口安装角 β_{1y}，则冲角 $i = 0$，流体流入是无冲击的，对效率有利。但事实上，流体流动是有冲角的。在具有一定的正冲角时，风机进口处气流的阻力损失可减少，泵抗汽蚀性能可提高。

取正冲角 $i > 0$，$\beta_{1y} = \beta_1 + i$，增大了叶片间的通流面积，如图 2-17 所示。当 $i > 0$ 时流道宽度为 B'，而 $i = 0$ 时，流道宽度为 B，由图可见 $B' > B$。这样，当流量一定时，叶片进口流体速度就能降低。

泵与风机运行时流量会有变动。若流量下降，则冲角 i 将增大；反之冲角 i 将减小。为了保证泵与风机在大流量运行时冲角不为负值

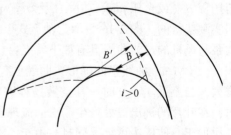

图 2-17　正冲角时的叶片通道

（如果运行中出现负冲角，效率下降），一般选用 $i = 2° \sim 10°$，也有推荐 $i = 5° \sim 15°$。如图 2-18 所示，叶片进口安装角的大小，影响泵的扬程与效率。进口安装角增大时，扬程与流量性能曲线趋于平缓，效率曲线向大流量方向偏移。需要注意的是，叶片进口安装不宜太大，否则会导致效率和泵抗汽蚀性能的下降，效率会降低，影响使用的经济性。

2. 叶片进口边的位置

叶片进口边的位置主要影响泵的抗汽蚀性能，同时对泵与风机的扬程（或全压）、轴功率也有影响。叶片进口边的布置有平行和延伸两类（如图2-19所示），延伸布置在增大叶片做功面积的同时减小了圆周速度，对泵的抗汽蚀有利。

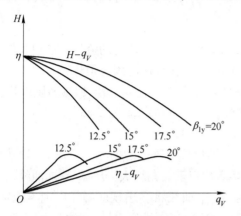

图2-18 叶片进口安装角与扬程、效率的关系

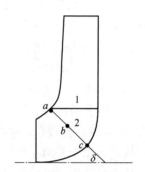

图2-19 叶片进口边的布置
1—平行布置；2—延伸布置

叶片延伸布置时，$H\text{-}q_V$ 性能曲线变得较陡；而叶片平行布置时，$H\text{-}q_V$ 性能曲线容易出现驼峰形状。因此，叶片延伸布置有利于 $H\text{-}q_V$ 性能曲线的稳定性。叶片延伸布置时，$\eta\text{-}q_V$ 曲线向小流量方向移动，最高效率稍有提高。如图2-20中虚线为叶片延伸布置时的性能曲线。另外叶片进口边延伸布置，使叶片进口的圆周速度沿叶片的进口边各不相同，造成叶片在前盖板处、后盖板处及中间流线处的入流角不等，叶片进口边就成为扭曲形。因此叶片进口边不能延伸太多，否则叶片扭曲厉害，容易造成叶片进口流道的堵塞，对铸造也是不利的。一般叶片与轴线的夹角 $\delta = 25° \sim 45°$。

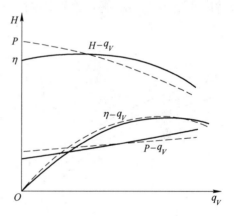

图2-20 叶片进口边布置性能曲线

3. 叶轮外径 D_2

叶轮的外径对能头的影响较大，同时对流量、轴功率、效率也有影响。增大叶轮外径，叶片泵与风机的能头增加，即能头性能曲线向上平行移动。

4. 离心式叶轮出口宽度 b_2

叶轮出口宽度 b_2 对流量的影响较大，当然随着出口宽度 b_2 的改变，扬程（全压）、功率、效率也都发生相应变化。叶轮出口宽度的改变，对泵或风机性能的影响如图2-21所示。当叶轮出口宽度增加时，流量、扬程（全压）、功率和效率都是增加的，且效率的最高点向大流量方向移动，反之亦然。当叶轮出口宽度减少得不多，则 $q_V = 0$ 时，扬程 H 与 P 近似保持不变。倘若叶轮外径、叶片形状不变，只沿轴向平行移动后盖板，改变叶轮出口宽度，则宽度 b_2 与 q_V、H、η 的关系式为：

$$\frac{q'_V}{q_V} = \left(\frac{b'_2}{b_2}\right)^{\frac{1}{2}}$$

$$\frac{H'}{H} = \frac{b'_2}{b_2} \quad \frac{\eta'}{\eta} = \left(\frac{b'_2}{b_2}\right)^{\frac{1}{3}} \tag{2-16}$$

式中，b'_2 为变化后的叶轮出口宽度；q'_V、H'、η' 分别为宽度 b'_2 时的流量、扬程及效率。按照式（2-16）计算得到的流量、扬程和效率都偏大，在具体应用时须注意。改变叶轮出口宽度时，要注意流道面积变化的合理性，并且叶轮出口宽度 b_2 如增加过多则理论扬程曲线较平坦，而实际的扬程曲线就容易出现驼峰，性能不稳定。

5. 叶片出口安装角 β_{2y}

由前面的分析可知，叶片的出口安装角会影响泵与风机的扬程（全压）、轴功率、效率。在 $\beta_{2y} < 90°$ 的后弯式叶片的范围内，随着出口安装角增大，H-q_V 性能曲线向右上方上移，且曲线趋于平坦，叶片安装角偏大时 H-q_V 曲线将会出现驼峰，出现不稳定工况。同时，随着叶片出口安装角 β_{2y} 的增大，H-q_V 曲线亦会变陡。同一流量下出口安装角 β_{2y} 大的叶轮所需轴功率比 β_{2y} 小的叶轮所需轴功率大，这是扬程增大的缘故。所以，适当增大 β_{2y} 可使泵、风机的效率变化不大，如图 2-22 所示。必须注意，叶片出口安装角 β_{2y} 不宜过度增加，因为 β_{2y} 的增大势必使扬程中的动扬程比例提高，泵与风机的效率会降低。

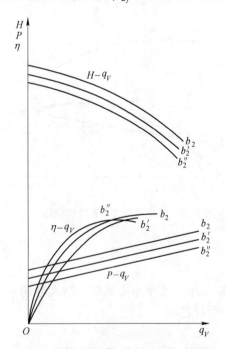

图 2-21　叶轮出口宽度变化时性能曲线
$b_2 > b'_2 > b''_2$

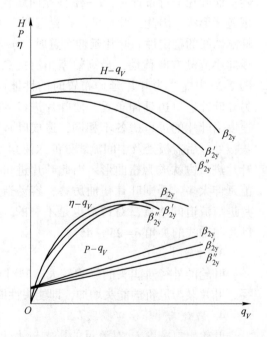

图 2-22　叶片出口安装角对性能影响
$\beta_{2y} > \beta'_{2y} > \beta''_{2y}$

6. 叶片数 Z 和叶片包角 θ

叶片的数量对叶片式泵与风机的扬程（全压）影响较大，而且还影响泵的汽蚀性能。

叶片数量少，流道相对长度缩短，流道拓宽，对泵的抗汽蚀性能有利，但也容易在流道中产生漩涡，降低泵与风机的效率。反之，叶片数增加，以上情况有所改善，但过多的叶片数导致叶片表面的摩擦增加，流体相互间会出现干扰，使扬程（全压）降低，效率下降。叶片数过多，还会使 H-q_V 曲线出现驼峰。

叶片的包角 θ 是指叶片从进口到出口所对应的中心角，其大小对泵与风机的效率、扬程（全压）均有影响。离心叶片的包角通常为 $80° \sim 150°$，常用 $90° \sim 120°$。两相邻叶片的中心角为 $\varphi = 360°/Z$，根据统计，θ/φ 在 $1.2 \sim 2.2$ 内可得较高效率。叶片出口角 β_{2y}、叶片数 Z 和叶片包角 θ 都是相关联的，因此必须综合起来考虑。叶片出口安装角 β_{2y} 小，叶片的包角就大，叶片长度增长。叶片数 Z 增多，叶片出口安装角 β_{2y} 减小，都会增加流体对叶片表面的摩擦，导致流动损失的增大。叶片数少及叶片出口安装角增大，虽然流体对叶片表面摩擦减小了，但是对同一扬程而言，单位面积上所承受的压力就大了，有可能达不到所需求的扬程，或者可能使效率降低。

7. 多级离心式泵导叶进口面积

增大导叶进口面积可使 H-q_V 曲线变平坦，效率增高，同时效率曲线向大流量方向偏移。每种泵都有一最佳断面积，过分增大进口面积反而会降低效率。

8. 密封环与叶轮间的间隙

密封环处间隙对泵的性能影响较大。间隙大，泵的泄漏量增加，能头和流量减小，功率增大，效率降低。

此外，对于轴流式泵与风机，其轮毂比（叶轮轮毂直径与叶轮外径的比值）、叶栅稠度都对效率和汽蚀性能有影响。叶片顶端与机壳间的经向间隙会影响轴流式泵与风机的压头、流量和效率。间隙增大，压头、流量及效率减小；间隙过小，则噪声加大，轴流式泵还会因此而产生汽蚀。

（二）预旋和叶轮内流体的回流

预旋会使泵与风机的能头降低，但可以改善泵的汽蚀性能；自由预旋伴有流量的变化，并会使小流量下的冲击损失减小，效率提高。

叶片式泵与风机在小流量下工作时，叶轮出口处会出现回流现象，使部分流体在叶轮内反复地获得能量，从而使泵与风机的能头、轴功率和损失增大。不同形式的泵与风机产生回流的机理不一样，因此对性能的影响也有差别。

（三）泵与风机的几何尺寸大小、转速及被输送流体的密度

前面在讨论泵与风机的性能曲线时是附加有条件的，如泵或风机厂家产品样本所提供的为标准状态下的性能曲线。对一般风机而言，我国规定的标准条件是大气压强 101.325 kPa，空气温度为 20 ℃，相对湿度为 50%，即性能曲线只能反映某台具体的泵或风机在给定的转速下输送特定条件的流体的性能。若以上条件改变，则泵与风机的性能也会发生相应的变化。后面将讨论上述条件改变时，泵与风机性能的变化问题。

【配套实训项目建议】

（1）离心泵性能曲线测定。

（2）离心泵性能测定仿真实训。

【综合练习】

2-3-1　泵与风机有哪几种性能曲线？

2-3-2　制造厂提供的性能曲线是怎样绘制出来的？

2-3-3　性能曲线在工作中有哪些具体应用？

任务四　泵与风机的相似定律

【任务导入】

相似理论广泛地应用于各科学研究领域，在泵与风机的设计、改造、运行和设备选型等方面有着十分重要的应用，主要解决以下问题：

（1）模型试验。在泵与风机的设计中，将新产品的原形根据相似定律，按一定的规律缩小，制造出结构相对简单的模型。然后对模型进行试验、研究、修正，在得出满意的结果后，再由相似定律，将模型的结构尺寸还原到原形上。

（2）相似设计。就是在现有的效率高、性能良好、结构简单的泵与风机中，选出合适的（比转数接近）作为模型，按照相似关系设计出新的泵与风机。这种设计方法简单、可靠，可节约产品开发的资金和人力的投入。

（3）性能换算。同一台泵或风机在转速、几何尺寸或输送的流体密度有变化时，其性能参数和性能曲线都会发生改变，应用相似理论可以对变化前后的性能参数和性能曲线进行换算，这对于火力发电厂从事热力设备运行的人员尤为重要。

模型试验和相似设计的方法不但适应于泵与风机的设计，也适应于对现有设备的性能进行改造。

一、相似条件

泵或风机的设计、制造通常是按"系列"进行的。同一系列中，大小不等的泵或风机都是相似的，也就是说它们之间的流体力学性质遵循力学相似原理，必须具备几何相似、运动相似、动力相似三个条件，即必须满足模型和原型中任一对应点的同一物理量之间保持的比例关系。以下标"m"表示模型的各参数，无下脚标表示原型的各参数。

（一）几何相似

几何相似是指泵与风机的过流部分的模型和原型之间，各个对应的几何尺寸成同一比值，各个对应的几何角度相等。

$$\frac{b_1}{b_{1m}} = \frac{b_2}{b_{2m}} = \frac{D_1}{D_{1m}} = \frac{D_2}{D_{2m}} = \cdots \tag{2-17}$$

$$\angle \beta_{1y} = \angle \beta_{1ym}; \qquad \angle \beta_{2y} = \angle \beta_{2ym}; \quad \cdots \tag{2-18}$$

式中，b 为宽度；D 为直径；β 为安装角。

满足式（2-17）和式（2-18）时即为几何相似，几何相似还要求泵或风机的叶片数相等。

（二）运动相似

运动相似是指泵与风机过流部分模型和原型的各个对应点上，相应的速度方向相同，大小成同一比值，对应流动角相等。这时，流道内各个对应点上的速度三角形相似，且相似比相等。满足这些条件时则有：

$$\frac{v_1}{v_{1m}} = \frac{w_1}{w_{1m}} = \frac{u_1}{u_{1m}} = \frac{v_2}{v_{2m}} = \frac{w_2}{w_{2m}} = \frac{u_2}{u_{2m}} = \cdots \tag{2-19}$$

式中，v 为绝对速度；w 为相对速度；u 为圆周速度。

（三）动力相似

动力相似是指泵与风机的模型和原型内流体的各个对应点上相应的同名力方向相同，大小成同一比值，这些力主要是指压力、重力、黏性力和惯性力。但是，要使这四种力满足动力相似极其困难，一般只要求影响较大的黏性力和惯性力满足条件即可。由于在泵与风机中流体的速度较高（$Re > 10^5$），可认为流动处于自模化区，自动满足了动力相似的要求。可见，在泵与风机的三个相似条件中，动力相似已自动满足，所需讨论的相似条件是几何相似和运动相似。几何相似是运动相似的必要条件，没有几何相似，运动相似就没有任何意义。由于运动相似条件会随着运行工况的变化而变化，因而两台几何相似的泵与风机必然会存在运动相似工况。所以，可以说相似的泵与风机（指几何相似的）在相似工况（指运动相似的）下就认为已满足了相似条件。

二、相似定律

泵或风机同时满足几何相似、运行相似和动力相似时，在对应工况点的流程、扬程（或全压）、轴功率之间的关系式叫作泵与风机的相似定律。

（1）流量相似定律。相似工况点之间的流量关系，可根据计算流量的公式得出：

$$\frac{q_V}{q_{Vm}} = \frac{n}{n_m} \left(\frac{D_2}{D_{2m}}\right)^3 \frac{\eta_V}{\eta_{Vm}} \tag{2-20}$$

式中，η_V 为容积效率。

（2）扬程（全压）相似定律。相似工况点之间的扬程关系，可根据计算扬程的公式得出：

$$\frac{H}{H_m} = \left(\frac{D_2}{D_{2m}} \frac{n}{n_m}\right)^2 \cdot \frac{\eta_h}{\eta_{hm}} \tag{2-21}$$

将式（2-21）的扬程（液柱或气柱高度）改换成全压 p，则全压的关系为：

$$\frac{p}{p_m} = \frac{\rho}{\rho_m} \left(\frac{D_2}{D_{2m}} \frac{n}{n_m}\right)^2 \cdot \frac{\eta_h}{\eta_{hm}} \tag{2-22}$$

式中，η_h 为流动效率。

（3）功率相似定律。相似工况点之间的功率关系，可根据计算功率的公式得出：

$$\frac{P}{P_m} = \frac{\rho}{\rho_m} \left(\frac{n}{n_m}\right)^3 \left(\frac{D_2}{D_{2m}}\right)^5 \cdot \frac{\eta_m}{\eta_{mm}} \tag{2-23}$$

式中，η_m 为机械效率。

通常情况下，实型泵或风机的 η_V、η_h、η_m 要大于模型泵或风机相应的三个效率。在实际应用时，如果 D_2/D_{2m} 和 n/n_m 不太大时，可近似地认为实型和模型的效率相等。那么，相似定律可简化为：

$$\frac{q_V}{q_{Vm}} = \frac{n}{n_m}\left(\frac{D_2}{D_{2m}}\right)^3 \tag{2-24}$$

$$\frac{H}{H_m} = \left(\frac{D_2}{D_{2m}}\frac{n}{n_m}\right)^2 \quad 或 \quad \frac{p}{p_m} = \frac{\rho}{\rho_m}\left(\frac{D_2}{D_{2m}}\frac{n}{n_m}\right)^2 \tag{2-25}$$

$$\frac{P}{P_m} = \frac{\rho}{\rho_m}\left(\frac{n}{n_m}\right)^3\left(\frac{D_2}{D_{2m}}\right)^5 \tag{2-26}$$

泵和风机的相似定律表明了同一系列相似机器的相似工况之间的相似关系。相似定律是根据相似原理导出的，除用于设计泵或风机以外，对于从事本专业的工作人员来说，更重要的还在于用来作为运行、调节和选用型号等的理论根据和实用工具。

三、泵与风机相似定律的分析

在实际工作中所见到的情况，往往并不是几何尺寸、转速和密度三个参数同时改变，而只是其中一个参数发生变化。

（一）密度改变时性能参数的变化

厂家产品样本所提出的性能数据是在标准条件下经试验得出的。例如，对一般风机而言，我国规定的标准条件是大气压强为 101.325 kPa，空气温度为 20 ℃，相对湿度为 50%。所以当被输送的流体温度及压强与上述样本条件不同时，即流体密度改变时，则风机的性能也发生相应的改变。

可以利用相似定律来计算这类问题。两台相似或同一台泵与风机，在大小尺寸未变，且转速也未变时，可将相似定律公式简化为：

$$\frac{q_V}{q_{Vm}} = 1; \quad \frac{H}{H_m} = 1; \quad \frac{p}{p_m} = \frac{\rho}{\rho_m}; \quad \frac{P}{P_m} = \frac{\rho}{\rho_m} \tag{2-27}$$

（二）改变几何尺寸时性能参数的变化

两台相似或同一台泵与风机，在相似条件下，密度、转速不变时改变几何尺寸，相似定律可简化为

$$\frac{q_V}{q_{Vm}} = \left(\frac{D_2}{D_{2m}}\right)^3; \quad \frac{H}{H_m} = \left(\frac{D_2}{D_{2m}}\frac{n}{n_m}\right)^2 \quad 或 \quad \frac{p}{p_m} = \frac{\rho}{\rho_m}\left(\frac{D_2}{D_{2m}}\frac{n}{n_m}\right)^2; \quad \frac{P}{P_m} = \frac{\rho}{\rho_m}\left(\frac{n}{n_m}\right)^3\left(\frac{D_2}{D_{2m}}\right)^5 \tag{2-28}$$

（三）改变转速时各参数的变化——比例定律

泵与风机的性能参数都是针对某一定转速 n_1 来说的，若两台相似或同一台泵与风机在相同的条件下输送相同流体，当实际运行转速 n_2 与 n_1 不同时，可用相似定律求出新的性能参数。此时相似定律被简化为：

$$\frac{q_{V1}}{q_{V2}} = \frac{n_1}{n_2} \tag{2-29}$$

$$\frac{H_1}{H_2} = \left(\frac{n_1}{n_2}\right)^2 \quad 或 \quad \frac{p_1}{p_2} = \left(\frac{n_1}{n_2}\right)^2 \tag{2-30}$$

$$\frac{P_1}{P_2} = \left(\frac{n_1}{n_2}\right)^3 \tag{2-31}$$

式（2-29）~式（2-31）称为叶片式泵与风机的比例定律。它表明同一台泵与风机相似工况的流量与转速比的一次方成正比，扬程或全压与转速比的二次方成正比，轴功率与转速比的三次方成正比。

【拓展知识】

叶轮切割在给水泵节能改造中的应用

某电厂一台 100 MW 机组用锅炉给水泵，因为运行时电机超电流造成无法长期安全运行。该泵的实际运行参数为：流量 $q_V = 440 \ m^3/h$，扬程 $H = 1530 \ m$，泵的级数为 10 级，叶轮直径 $D_2 = 320 \ mm$。经现场调研了解到，锅炉给水系统工作压力并不是很高，泵的扬程达到 1400 m 就可以满足系统需要。而经过核算，在泵的流量不变的情况下，如果将扬程降到 1450 m，就可以将电机的电流降到额定范围之内。因泵为定速泵，无法通过降低转速来降低泵的扬程，因此决定通过切割叶轮叶片的方法来将泵的扬程由 1530 m 降到 1420 m。确定切割方法和切割量的步骤如下。

（1）确定切割方法。

$$泵的单级扬程 \ H_i = \frac{H}{I} = \frac{1530}{10} = 153 \ m$$

因泵的多余扬程超过单级扬程的 20%，而小于单级扬程，因此决定对除首级叶轮外的 9 级叶轮进行切割，切割时只切割叶片而保留盖板。

（2）计算切割量。

泵的比转数

$$n_s = 3.65 \frac{n \sqrt{q_V}}{H^{3/4}} = \frac{3.65 \times 2970 \times \sqrt{(440/3600)}}{(1530/10)^{0.75}} = 87.1$$

因泵的比转数大于 80，因此采用公式 $H'/H = (D_2'/D_2)^2$ 确定切割量。

1）根据试验数据作出切割前泵的性能曲线；

2）根据要求达到的参数点流量 $q_V = 440 \ m^3/h$，扬程 $H = 1420 \ m$（因只切后 9 级叶轮，后 9 级叶轮切割后的单级扬程为 $H_i = (1420-153)/9 = 140.8 \ mm$），由 $H = Kq_V^2$ 作出切割抛物线，与泵的性能曲线相交，得到单级叶轮切割相似点 $q_V = 455.5 \ m^3/h$，扬程 $H = 150.7 \ m$；

3）计算切割后叶轮直径

$$D_2 = (153/150.7) \times 0.5 \times 320 = 309.2 \ mm$$

计算切割量

$$\Delta D = D_2 - D_2' = 320 - 309.2 = 10.8 \ mm$$

4）确定最终切割量

$$\Delta D = 10.8 \times 0.93 = 10.044 \ mm$$

取整数 $\Delta D = 10$ mm，因此最后确定将叶轮直径由 320 mm 切割至 310 mm。改造后经过现场运行试验，完全达到设计要求。

【综合练习】

2-4-1 已知某台泵或风机在不同转速下的性能曲线，如何找到它们的相似工况？

2-4-2 泵或风机的相似条件是什么？相似定理如何？

2-4-3 某台风机输送的气体温度发生变化时，它的工况如何变化？

任务五 比转数及在泵与风机中的应用

【任务导入】

目前我国各生产部门，使用着各种各样的不同性能、不同结构的泵与风机，其数量之多，品种之繁，要想直接对它们进行分类和比较是很困难的，相似定理分别给出了相似的泵或风机间的流量扬程（全压）、功率的相互关系，但在实际的设计、选择及改造泵与风机时，应用这些公式就非常不方便，所以需要有一个包括这些参数在内的综合参数，这个参数就是比转数。

一、比转数

比转数是为了进行非相似风机性能参数之间的比较，根据相似理论，提出的一种"相似特征数"。比转数是反映某一类型的风机在最高效率工况时其流量和全压的一个综合性参数。比转数相同，就意味着是同一系列相似设备，否则，就说明不是同一系列相似设备。

（一）泵的比转数

泵的比转数公式为

$$n_s = 3.65 \frac{n \sqrt{q_V}}{H^{3/4}} \tag{2-32}$$

式中，q_V 为泵设计工况的单吸流量，m^3/s，双吸叶轮时应以 $q_V/2$ 代替式中的 q_V；n 为泵的工作转速，r/min；H 为泵设计工况的单级扬程，m，i 级泵与风机应以 H/i 代替式中的 H。

（二）风机的比转数

风机的比转数用符号 n_y 表示，它与泵的比转数的性质完全相同，一般采用以下计算式：

$$n_y = \frac{n \sqrt{q_V}}{p_{20}^{3/4}} \tag{2-33}$$

式中，q_V 为风机设计工况的单吸流量 m^3/s，双吸叶轮时应以 $q_V/2$ 代替式中的 q_V；n 为风机的工作转速，r/min；p_{20} 为标准状态下风机设计工况的全压，Pa。

当气体为非常态时，需要考虑气体密度的变化（常态下空气密度为 1.2 kg/m^3），此

时 p_{20} 可由下式换算得出：

$$p_{20} = \rho_{20} \frac{p}{\rho}$$

式中，p 为实际状态下的全风压。

几点说明：

（1）在推证比转数的计算公式时，为什么要乘以系数 3.65 呢？这是因为比转数的概念最早是在水轮机的设计中采用的，以后泵的比转数就引用了水轮机的比转数计算公式。系数 3.65 是对水在常温下而言的，当输送其他液体时，系数则不同，而它本身无任何物理意义。

（2）比转数不是泵的转数，而是一个由相似系列整理而成的计算值，是编制相似系列和相似设计时作为依据的相似标志数，是对泵进行分类的一个综合特征数。

（3）比转数的大小，与参与计算的参数所取单位有关，为此各国都对参数所取单位作出明确规定。我国现采用的参数单位是：q_V，$\mathrm{m^3/s}$；H，m；p，Pa；n，$\mathrm{r/min}$。可见，用这些单位导出的比转数，单位与转速相同，但在应用时，只取其值，无须标明单位。

二、比转数在泵与风机中的应用

比转数在泵与风机中有着重要的地位，是泵与风机的主要参数之一。比转数的大小与叶轮形状和泵的性能曲线形状有密切关系，所以不同的比转数代表了不同类型泵的结构与性能的特点。比转数的主要应用有以下三个方面。

（1）用比转数对泵与风机进行分类。比转数反映了泵与风机的综合特征，其大小与叶轮形状和性能有密切关系，不同的比转数代表了不同类型泵的结构与性能的特点，因此，用比转数对泵与风机进行分类，是比转数的重要应用。当转数不变时，对于扬程高、流量小的泵与风机，其比转数小。在流量增大、扬程减小时，比转数随之增加，此时叶轮外径随之减小，而叶轮出口宽度则随之增加。由此可见，叶轮形式引起性能参数的改变，从而导致比转数的改变。

对于泵，$n_s = 30 \sim 300$ 为离心式，$n_s = 300 \sim 500$ 为混流式，$n_s = 500 \sim 1000$ 为轴流式。其中，$n_s = 30 \sim 80$ 为低比转数离心式，$n_s = 80 \sim 150$ 为中比转数离心式，$n_s = 150 \sim 300$ 为高比转数离心式。表 2-3 就是根据比转数 n_s 的大小，将叶片式泵分成五种不同的类型，列表给出它们在结构和性能上的主要特征。

表 2-3　比转数与叶片泵的分类、叶轮形状和性能曲线形状的关系

泵的类型	离 心 泵			混 流 泵	轴 流 泵
	低比转数	中比转数	高比转数		
比转数 n_s	$30 < n_s < 80$	$80 < n_s < 150$	$150 < n_s < 300$	$300 < n_s < 500$	$500 < n_s < 1000$
叶轮形状					
尺寸比 D_2/D_0	≈ 3	≈ 2.3	$\approx 1.4 \sim 1.8$	$\approx 1.1 \sim 1.2$	≈ 1

泵的类型	离 心 泵			混流泵	轴流泵
	低比转数	中比转数	高比转数		
叶片形状	柱形叶片	入口处扭曲，出口处柱形	扭曲叶片	扭曲叶片	轴流泵翼形
性能曲线形状					
流量-扬程曲线特点	关死扬程为设计工况的 1.1～1.3 倍，扬程随流量的减小而增加，变化比较缓慢			关死扬程为设计工况的 1.5～1.8 倍，扬程随流量的减小而增加，变化比较急	关死扬程为设计工况的 2 倍左右，扬程随流量的减少先急速上升后，又急速下降
流量-功率曲线特点	关死功率较小，轴功率随流量的增加而上升			流量变化时轴功率变化较小	关死点功率最大，设计工况附近变化比较小，以后轴功率随流量的增大而减小
流量-效率曲线特点	比较平坦			比轴流泵平坦	先急速上升后，又急速下降

　　对风机，$n_y = 2.7 \sim 12$ 为前弯式离心风机，$n_y = 3.6 \sim 16.6$ 为后弯式离心风机，$n_y = 18 \sim 36$ 为轴流式风机。

　　分析比转数的公式知，若转速 n 不变，则比转数小，必定是流量小、扬程（全压）大；反之比转数大，必定是流量大、扬程（全压）小。也就是说，随着比转数由小增大，泵或风机的流量由小变大，扬程或全压由大变小。所以，离心式泵或风机的特点是小流量、高扬程或全压，轴流式泵与风机的特点是大流量、低扬程或全压。

　　（2）对泵与风机进行相似设计和选型。用设计参数 q_V、$H(p_{20})$、n 计算出比转数，再用求得的比转数选择性能良好的模型或速度系数进行相似设计或速度系数法设计。用户也可根据所需泵或风机的工作参数求出比转数作为选型的依据。

　　（3）比转数是编制泵与风机系列的基础。泵与风机制造行业通常以比转数为基础来编制泵与风机的相似系列或系列型谱，这样可大大减少模型数目，减少产品目录的编制工作，节约人力和物力。不同用户可根据泵与风机的额定参数和性能要求，在恰当的相似系列或系列型谱中选择合适的泵或风机。用户通过系列型谱选择产品十分方便，同时又明确了开发新产品的方向。

【综合练习】

　　2-5-1　何谓比转数？比转数有哪些应用？

　　2-5-2　各类泵与风机比转数的范围如何？

任务六　泵的汽蚀与安装高度

扫码看视频

【任务导入】

泵发生汽蚀时，由于产生大量的气泡，占据了液体流道的部分空间，导致泵的流量、压头及效率下降。汽蚀严重时，泵不能正常操作。因此，为了使离心式泵能正常运转，应避免产生汽蚀现象，这就要求叶片入口附近的最低压强必须维持在某一值以上，通常是取输送温度下液体的饱和蒸汽压作为最低压强。应予指出，在实际操作中，不易确定泵内最低压强的位置，而往往以实测泵入口处的最低压强为准。

一、汽蚀现象

如果液体的压强不变，将其加热到一定的温度后，该液体会汽化；同样，如果使液体的某一温度保持不变，逐渐降低液体的压强，当该压强降低到某一数值时，该液体同样也会发生汽化。刚好使液体汽化的压强称为其在该温度下的汽化压强（饱和压强）。泵内液体在流动过程中，由于损失的存在，当某局部区域的压强等于或低于该液体温度条件下的汽化压强时，液体就会在该区域发生汽化，形成大量蒸汽小汽泡（这些汽泡也称空泡，空泡聚集成的空泡团称为汽穴或空穴）。当汽泡随同液流从低压区流向高压区时，压强高于该温度下的饱和压强，蒸汽重新凝结成液体，汽泡逐渐变形而破裂。汽蚀在壁面附近破裂时，产生很大的冲击力，可达几百甚至上千兆帕，冲击频率可达每秒几万次，使流道的材料遭受破坏。汽泡形成、增长直到崩溃破裂以致造成材料侵蚀的过程称为汽蚀。

另外，由液体中逸出的氧气等活性气体，借助汽泡凝结时放出的热量，也会对金属起到化学腐蚀作用。这种汽泡的形成、发展和破裂以致材料受到破坏的全部现象，称为汽蚀现象。

汽蚀对泵的危害作用有以下几个方面：

（1）缩短泵的使用寿命。离心式泵的第一级叶轮入口处和轴流式泵叶片非工作面的根部都是低压区，因此，这都是容易发生汽蚀的位置，而高压区又由于液体在叶片出口处加速排出，因此，叶轮或叶片出口处也易于受到汽蚀的破坏。汽蚀发生时，由于机械侵蚀和化学腐蚀的共同作用，金属表面变得粗糙多孔，产生显微裂纹，严重时出现蜂窝状或海绵状的侵蚀，甚至呈空洞，因而缩短了泵的使用寿命。

（2）影响泵的运转性能。汽蚀发生时，液体的汽化及存在于液体中气体的析出，使液流的过流断面面积减小，局部区域流速加大，并产生涡流，以致流动损失增大。因此汽蚀将导致泵流量减小，效率降低，造成泵的性能恶化。低比转数泵由于流道窄而长，严重时可能出现断流，比转数较高时，通道短而宽，相对地说，其对外部性能的影响不明显。

（3）产生噪声和振动。汽蚀产生时，其水击会产生各种频率范围内的噪声，而水击的频率与机组的自然频率相等时，就会引起机组振动。

二、汽蚀性能参数

（一）泵的几何安装高度和吸上真空高度

泵内汽蚀的根本原因是泵入口处或叶轮吸入口处液体的压强过低。影响吸入口液体压强的因素除吸入管路的管长、管径、流量、修正系数外，最主要的是泵与风机的几何安装高度 H_g（吸液高度）。H_g 一般是指叶轮中心至吸入池液面的垂直距离，如图 2-23 所示。当管路条件及流量一定时，吸上真空高度过大，泵内将发生汽蚀，甚至吸不上液体，使泵无法工作。所以，准确确定泵的吸上真空高度和几何安装高度（吸上高度）非常重要。现分析如下。

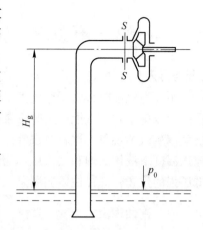

图 2-23 离心泵吸上高度

如图 2-26 所示，吸入液面及泵入口法兰 S—S 截面的伯努利方程为：

$$\frac{p_0}{\rho g} + \frac{v_0^2}{2g} = H_g + \frac{p_s}{\rho g} + \frac{v_s^2}{2g} + h_w \qquad (2\text{-}34)$$

式中，p_0 为吸水池液面压力，Pa；h_w 为吸入管路的能头损失，m；p_s 为泵吸入口 S—S 断面液体压强，Pa；v_0 为吸水池液面处的平均流速，通常认为 $v_0 = 0$；v_s 为泵吸入口 S—S 断面平均流速，m/s。

将上式变形得：

$$\frac{p_0 - p_s}{\rho g} = H_g + \frac{v_s^2}{2g} + h_w \qquad (2\text{-}35)$$

当液面为大气压时，令 $H_s = \dfrac{p_a - p_s}{\rho g}$，$H_s$ 称为吸上真空度，即

$$H_s = \frac{p_a - p_s}{\rho g} = H_g + \frac{v_s^2}{2g} + h_w \qquad (2\text{-}36)$$

式（2-36）表明，吸上真空高度 H_s 表示泵入口处真空的程度，也反映了该处液体压强下降的多少；吸上真空高度 H_s 等于泵的几何安装高度、泵进口处的速度能头及液体从吸入液面至泵入口的阻力损失三者之和。

式（2-36）也表明，如果流量一定，吸上真空高度 H_s 将随泵的几何安装高度 H_g 的增加而增大，吸上真空高度 H_s 越大，p_s 越小，越易发生汽蚀。汽蚀刚好发生时所对应的吸上真空高度 H_s 称为最大吸上真空高度，用 $H_{s,max}$ 表示。若 $H_s > H_{s,max}$，则泵内发生汽蚀；反之，则不发生汽蚀。最大吸上真空高度 $H_{s,max}$ 由汽蚀实验的方法测定。为保证泵的安全运行，一般规定 $H_{s,max}$ 留 0.3~0.5 m 的安全量作为泵的允许吸上真空高度，用 $[H_s]$ 表示，即允许吸上真空高度为：

$$H_s \leqslant [H_s] = H_{s,max} - (0.3 \sim 0.5) \qquad (2\text{-}37)$$

泵制造厂提供的 $[H_s]$ 为标准状态（大气压 101.325 kPa、液温 20 ℃）时的数值，若泵使用场合的大气压及液温不同于标准值，则应按下式进行修正：

$$[H_s]' = [H_s] + (H_{amb} - 10.33) + (0.24 - H_{vp}) \qquad (2\text{-}38)$$

式中，H_{amb} 为使用场合的大气压头，m；H_{vp} 为使用场合的汽化压头，m。

对同一台泵来讲，安装地点的海拔越高，则大气压头越小；被输送液体的温度越高，则汽化压头越大。这两种情况都会使 $[H_s]'$ 值减小。

（二）汽蚀余量

泵内的压力最低点，不是发生在泵吸入口处，而是发生在叶轮流道内紧靠叶片进口边

缘的背部而偏向前盖板处。因此，我们在吸入口测量出的能头除必须高出汽化压力的能头外，还应有富余能头，以克服从吸入断面到 S—S 断面之间的能量损失，这个富余能头即称为汽蚀余量（国外叫作净正吸上水头）。为了便于分析说明，又将汽蚀余量区分为有效汽蚀余量和必需汽蚀余量。

1. 有效汽蚀余量

有效汽蚀余量就是指在泵吸入口处，单位重量液体所具有的超过汽化压力能头以外的富余能头（位能以中心线为基准），用符号 $NPSH_a$ 表示：

$$NPSH_a = \frac{p_s}{\rho g} + \frac{v_s^2}{2g} - \frac{p_{vp}}{\rho g} \tag{2-39}$$

式中，p_s 为液体在泵吸入口处所具有的压强，Pa；v_s 为泵吸入口处液体的断面平均流速，m/s；p_{vp} 为液体的饱和蒸汽压强或汽化压强，Pa。

式（2-39）为有效汽蚀余量的定义式，计算使用时不方便，将式

$$\frac{p_s}{\rho g} + \frac{v_s^2}{2g} = \frac{p_0}{\rho g} - H_g - h_w$$

代入得：

$$NPSH_s = \frac{p_0}{\rho g} - \frac{p_{vp}}{\rho g} - H_g - h_w \tag{2-40}$$

由上式可知，有效汽浊余量就是吸入容器中液面上压力头 $\frac{p_0}{\rho g}$ 在克服吸水管路装置中的流动损失 h_w，并把水提高到 H_g 的高度后，在泵的吸入口处所剩余的超过汽化压力头的能头。因此，有效汽蚀余量只与安装高度、泵的流量及吸水面上的压力有关，与泵本身的结构无关，所以又称为装置汽蚀余量。

2. 必需汽蚀余量

有效汽蚀余量仅指在泵吸入口处，单位质量的液体所具有的富裕能量，但泵吸入口处的液体压强并不是泵内压强最低处的液体压强。液体从泵吸入口流至叶轮进口的过程中，能量没有增加，但它的压强还要继续降低。压强降低的原因如下。

（1）从泵吸入口至叶轮入口的截面积一般是逐渐收缩的，所以液体在其间的流速要升高，而压力却相应降低，如图 2-24 所示。

（2）液体从泵吸入口流至叶片 K 点，存在沿程、局部流动阻力损失，致使液体压强下降。

（3）液体进入叶轮流道时，以相对速度 w 绕流叶片头部，此时液流急剧转弯，流速加大，液体压强降低。这在叶片背部（非工作面）K 点更甚，液体在 K 点的压力急剧下降至最低。

必需汽蚀余量是指液体从泵吸入口到压力最低点 K 处的压力降低值，用 $NPSH_r$ 表示，应用伯努利方程可以推导得出必需汽蚀余量：

$$NPSH_r = \frac{\lambda_1 v_0^2}{2g} - \frac{\lambda_2 \omega_0^2}{2g} \tag{2-41}$$

式中，v_0、ω_0 分别为叶片进口前绝对速度和相对速度，m/s；λ_1、λ_2 分别为压力降经验系数。

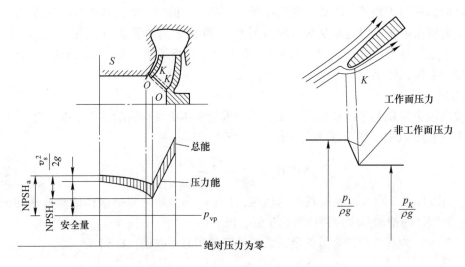

图 2-24　泵入口至叶轮入口压力分布

必需汽蚀余量是泵本身性能决定的一个固有参数，与泵的结构形式有关，并随流量的增加而增大，而与吸入管路的条件无关，它的数值大小在一定程度上反映了泵本身抗汽蚀性能的好坏。

3. 允许汽蚀余量

分析有效汽蚀余量 $NPSH_a$ 和必需汽蚀余量 $NPSH_r$ 可知，它们虽有本质的差别，但是它们之间存在着不可分割的紧密联系。有效汽蚀余量提供富余量供给必需汽蚀余量的消耗。根据以上讨论可知，当 $NPSH_a = NPSH_r$ $= NPSH_c$ 时，泵内处于汽蚀临界状况；当 $NPSH_a > NPSH_r$ 时，不发生汽蚀；当 $NPSH_a <$ $NPSH_r$ 时，泵内发生汽蚀，如图 2-25 所示是 $NPSH_a$、$NPSH_r$ 随流量 q_v 的变化关系曲线，从图中可以看出，当泵在流量小于 q_{Vc} 下运行时，$NPSH_a > NPSH_r$，泵内不发生汽蚀。为了

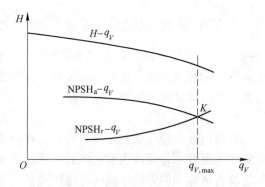

图 2-25　有效汽蚀余量和必需汽蚀余量
与流量之间的关系

避免汽蚀的发生，则给 $NPSH_c$ 一个安全余量 K 作为泵的允许汽蚀余量 ［NPSH］。《离心泵、混流泵和流泵　汽蚀余量》（GB/T 13006—2013）规定 $K = 0.3$，则

$$［NPSH］ = NPSH_c + 0.3 \tag{2-42}$$

从以上分析可以得出如下结论：允许汽蚀余量是自泵入口至泵内压力最低点这一流程上的压能头降的允许最大值，也可理解为外部条件下必须保证泵入口处的能头余量的允许最小值，一旦 $NPSH_a < ［NPSH］$ 或 $NPSH_c > ［NPSH］$ 的情况发生，泵内就会产生汽蚀。

(三) 泵允许几何安装高度的确定

根据汽蚀性能参数，可以导出定量分析计算泵的允许几何安装高度 ［H_g］ 公式。

1. 由允许吸上真空高度确定

当泵制造厂提供的汽蚀性能参数是允许吸上真空高度 $[H_s]$ 时，可导出：

$$[H_g] = [H_s] - \frac{v_s^2}{2g} - h_w \qquad (2\text{-}43)$$

或修正式
$$[H_g] = [H_s]' - \frac{v_s^2}{2g} - h_w \qquad (2\text{-}44)$$

2. 由运行气蚀余量确定

当泵制造厂提供的气蚀性能参数是运行气蚀余量 $[\text{NPSH}]$ 时，可导出：

$$[H_g] = \frac{p_0 - p_{vp}}{\rho g} - [\text{NPSH}] - h_w \qquad (2\text{-}45)$$

3. 由泵的几何安装高度及倒灌高度确定

根据上两式计算 $[H_g]$，只要泵的几何安装高度 $H_g < [H_g]$，泵工作时不会发生气蚀。

当应用公式求出结果 $[H_g] > 0$ 时，泵中心线可安装在吸入容器液面以上；若 $[H_g] < 0$ 时，则此时泵的 H_g 必须为负值，即泵中心线应在吸入容器液面以下，否则泵工作时会发生气蚀。泵的几何安装高度为负值时，称为倒灌高度。

三、提高离心泵抗汽蚀性能的措施

（一）结构方面

（1）首级叶轮采用双吸叶轮。当流量相同时，双吸叶轮能使叶轮进口的流速 v_0 降低一半，从而降低 NPSH_r。目前火力发电厂的给水泵，首级叶轮基本上均采用双吸式叶轮。

（2）增大叶轮进口面积，可用增大叶轮进口直径 D_0 和增大叶片进口宽度 B 等方法来达到。但增大 D_0，密封环处间隙增大，会降低泵的容积效率。

（3）适当增大叶轮前盖板转弯处曲率半径，可减少局部阻力损失，从而降低 NPSH_r。

（4）装置诱导轮或前置叶轮，如图 2-26 所示。在离心式泵的首级叶轮前安装一个螺旋形的叶轮就可以改善泵的汽蚀性能，这个螺旋形的叶轮称为诱导轮，如图 2-26 所示。装设诱导轮后，一方面诱导轮本身较离心式泵的叶轮有良好的抗汽蚀性能；另一方面由于液体通过诱导轮时，诱导轮对液体做功，使液体的能量提高，也就是诱导轮对液体的增压作用，改善了离心式泵的汽蚀性能。图 2-27 表示了装设前置叶轮的情形。前置叶轮上有2~3个斜流形的叶片，轴向尺寸较短。它可以提高泵的抗汽蚀性能，又不降低泵原来的性能。

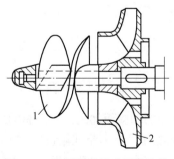

图 2-26　装置诱导轮或前置叶轮

1—诱导轮；2—离心叶轮

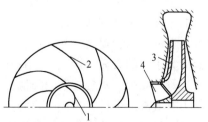

图 2-27　带有双重翼叶轮的离心泵

1—前置叶片；2—主叶片；

3—主叶轮；4—前置叶轮

（5）选择适当的叶片数也能提高抗汽蚀性能。

（二）安装方面

（1）正确选择泵的几何安装高度。

（2）减少吸入管路的流动阻力损失。

（3）装置前置泵，前置泵又被称为升压泵。就当前来说，防止高速泵汽蚀的最简单最可靠、最普及的措施，是在给水进入高速泵之前，先经低速前置泵升压，然后进入高速泵。前置泵一般由双吸的一级叶轮组成，其出水扬程只需满足高速泵的必需汽蚀余量和它在小流量工况下的附加汽化压头即可。由于其转速低，所以前置泵抗汽蚀性能好，液体经它加压后能提高给水泵的进口能头，增大 $NPSH_a$，使高速给水泵也有良好的抗汽蚀性能，同时，采用前置泵可减小倒灌高度。

（三）材料方面

（1）降低过流部件粗糙度或在过流部件表面喷涂料，这样可以减小阻力损失，降低 $NPSH_r$。

（2）采用抗汽蚀材料，如用稀土合金铸铁、铝青铜或不锈钢制造首级叶轮。

（四）运行方面

（1）始终保持泵在工作范围内，满足 $NPSH_a > NPSH_r$。

（2）泵的运转速度，不应高于规定的转速，因为 $NPSH_r$ 与转速的平方成正比。转速越高，抗汽蚀性能越差。

（3）不允许采用泵入口阀门调节流量，因为节流损失会降低 $NPSH_a$。

（4）采用再循环管。随流量的减小 $NPSH_a$ 与 $NPSH_r$ 的差值逐渐增大，系统的抗汽蚀性能得到改善，但实际上，$NPSH_r$ 随流量的减小，是先减小而后增加，如图 2-28 所示。这是因为轴功率对流经水泵的给水几乎在绝热下压缩（泵散热极少），除了给水泵中获得一定能量外，其余耗功都转换为热能。当出水不能把它带走时，就会导致泵水的升温，并由于第一级叶轮密封环的泄出水和末级后的平衡装置泄放水返回入泵进口，引起进水水温的升高，提高了相应的汽化压头，从而加大了总的必需汽蚀余量。这个现象，

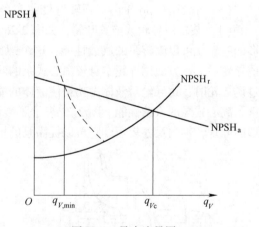

图 2-28　最小流量图

随着流量的减少、水泵效率的降低、耗功转化为热能的增多而加大，直到总的必需汽蚀余量等于有效汽蚀余量时为止。我们把此时的流量称之为"最小允许流量"，当流量低于此流量时，将引起汽蚀。为此，在给水泵出门，逆止门前面，一般都设有循环支管和节流阀门，由此把部分出水量和平衡泄水量回流入水泵进口或除氧器，以保证通过水泵的流量不低于允许的最小流量，从而带走热能，保持水温，也增加了泵入口处的压力。但在正

常运行时不能使用再循环管，以免影响其经济性。

（5）泵在启动前（即空载运行）的时间不能太久，否则，机械损失的热量会使水温升高，导致泵未供水就已产生汽蚀而不能出水。

【拓展知识】

常用汽蚀诊断方法

离心泵汽蚀故障诊断主要有以下几种方法：

（一）流量-扬程法（能量法）

汽蚀发生时，水泵的扬程、效率和流量会明显降低。通常将离心泵汽蚀特性曲线上扬程下降3%的点作为汽蚀发生的临界点，并在各行业中得到广泛采用。但在泵的初生汽蚀阶段，特征曲线变化不是太明显，而当特征曲线有明显变化时，汽蚀已经发展到一定程度。也就是，能量法诊断汽蚀有一定的滞后性，尤其对初生汽蚀的诊断有一定的偏差。但是，此方法在工程中使用时十分简洁且易于操作，故目前仍在许多企业中采用。

（二）振动法

由于泵处于不同汽蚀状态时，引起的泵体振动幅度明显不同，可以通过固定在泵壳或泵轴上的加速度计，得到泵的振动信号。其中振动信号包括：由电机和离心泵等引起的振动，可以视其为背景振动信号；气泡破裂产生的信号，此为汽蚀故障信号。对采集到的信号运用各种分析手段进行后期处理，从而判别泵内是否发生汽蚀。

（三）噪声法

噪声法的原理与振动法相似，它是将声压传感器放置于合适位置上，以获得气泡破灭时产生的噪声信号，通过对此噪声信号的分析处理，达到对泵汽蚀状况的监测和识别。

（四）压力脉动法

由于汽蚀会造成离心泵泵体内汽-液两相流动，随着汽蚀程度的加深泵内流道会发生变化，造成流场内压力脉动与正常工作时有明显的不同。因此，可以通过分析泵进口或出口压力脉动信号，得到表征离心泵汽蚀状况的参数。

（五）图像法

借助可视化实验装置和高速摄影仪对汽蚀空泡进行观测，以判断离心泵的汽蚀状况。此方法是最直观较准确的诊断方案，但由于装置对流体介质要求比较严格，且操作比较麻烦，其在应用上有很大的局限性。

【综合练习】

2-6-1 何谓泵的汽蚀？汽蚀是如何发生的，有哪些危害？如何提高泵抗汽蚀性能？

2-6-2 何谓有效汽蚀余量？何谓必须汽蚀余量？何谓允许汽蚀余量？允许汽蚀余量与允许吸上真空高度之间是什么关系？

2-6-3 如何确定泵的安装高度？

2-6-4 在火力发电厂中的给水泵和凝结水泵对防止汽蚀采取了哪些措施？

项目三　泵与风机运行与调节

【学习目标】

素质目标

（1）具备一定工程思维能力及分析判断能力。

（2）具备节约意识。

（3）具备精益求精的工程意识。

知识目标

（1）熟悉管路系统及其流通特性。

（2）理解管路特性方程中各参数的物理意义。

（3）熟悉泵与风机串联及并联特性。

（4）掌握泵与风机联合运行工况点的确定方法。

（5）熟悉泵与风机联合运行的稳定性条件。

（6）理解泵与风机运行工况调节的实质。

（7）熟悉泵与风机工况调节的方法。

能力目标

（1）会分析泵与风机串联及并联工况图。

（2）能根据生产工艺要求选择泵与风机的联合运行方式。

（3）依据模拟操作或现场操作运行规程，能够进行泵并联的不稳定运行工况分析。

（4）会用图解法确定泵与风机的运行工况点。

（5）能分析泵与风机运行稳定状态。

（6）会分析各种调节方法工况点的变化。

（7）能够运用泵与风机工况调节方法对泵与风机进行调节。

任务一　泵与风机运行工况确定

【任务导入】

泵与风机在管路系统中实际工作状况称为运行工况，在管路系统中以固定转速运行的泵或风机工况很多，而稳定运行工况可确保泵与风机的安全可靠性及经济性，如何确定泵与风机稳定运行，是需要考虑的问题。泵与风机的运行工况与泵或风机本身的性能有关，还与其工作管路及管路系统的特性有关。要确定泵与风机的运行工况，需熟悉管路及泵或风机装置管路系统的通流特性。

一、管路特性曲线分析

管路系统是指泵与风机输送系统中除泵与风机以外所有附件、吸入管路、压出管路及吸入容器和压出容器的总和，如图 3-1 所示。在管路系统中，流体通过管路流量与其所需能量之间的关系称为管路系统的通流特性，用管路特性曲线描述这种通流特性，单位质量流体在管路系统中流动时所需能量可用管路特性曲线方程表示，方程如下：

$$H_c = H_{zp} + \varphi q_V^2 \qquad (3\text{-}1)$$

式中，H_c 为管路系统能头，m；H_{zp} 为静能头，$H_{zp} = H_z + (p_B - p_A)/(\rho g)$，m；$q_V$ 为管路中流体流量，m^3/s；φ 为综合阻力系数，与管长、管路截面的几何特征、管壁粗糙度、积垢、积灰、结焦、堵塞、泄漏及管路系统中局部装置的个数、种类和阀门开度有关，对于某一管道阻力系统，当阀门的局部阻力系数不变时，φ 为常数。

当 $H_{zp} = 0$ 时　　　$H_c = \varphi q_V^2$ 　　　(3-1a)

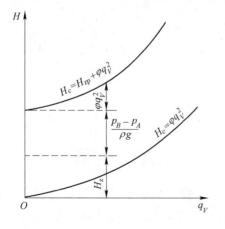

图 3-1　泵的管路系统图
1—泵；2—阀门；3—压力计；
4—真空计；5—流量计；6—压出
容器；7—吸入容器

将式（3-1）、式（3-1a）绘在以流量 q_V 为横坐标，能头 H 为纵坐标的坐标系中所得的平面曲线即为管路性能曲线，如图 3-2 所示。

在风机管路系统中，通常用单位体积流体在管路系统中流动时所需能量来表示，即风机管路通流特性方程，可用如下公式表示：

$$p_c = \rho g H_z + p_B - p_A + \varphi' q_V^2 \qquad (3\text{-}2)$$

式中，p_c 为管路系统风压，Pa；q_V 为管路中流体流量 m^3/s；φ' 为综合阻力系数，当阀门的局部阻力系数不变时，φ' 为常数。

由于气体的密度很小，且吸风道入口及压风道出口处气体压强差一般很小，如火电厂中送风机从大气中吸入空气送入微负压炉膛，引风机将炉膛烟气抽出送至烟囱出口的大气等，故可取 $H_z \approx 0$，$p_B = p_A$，管路系统中流体流动所需压头可写为：

$$p_c \approx \rho g \varphi q_V^2 = \varphi' q_V^2 \qquad (3\text{-}2\text{a})$$

按此方程所绘的管路特性曲线如图 3-3 所示。这是一条通过坐标原点的二次抛物线。

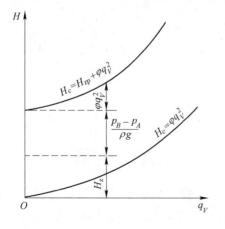

图 3-2　泵系统管路特性曲线

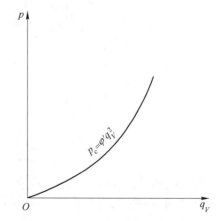

图 3-3　风机管路系统特性曲线

管路特性曲线说明对于给定的管路系统，通过的流量越多，需要外界提供的能量就越大。管路特性曲线的形状、位置取决于管路装置、流体性质和流动阻力等。如果管路中阀门开度改变，管路特性曲线形状就会发生相应改变。

二、泵与风机的运行工况点确定

用图解法确定泵与风机的运行工况点，具体方法是将泵或风机性能曲线与管路特性曲线按同一比例绘于泵或风机工作点的性能曲线图上，如图 3-4 所示，则管路特性曲线与 H-q_V 曲线的交点 M 就是泵的工作点，泵或风机在输送该流量时提供的能头恰好等于单位流体通过管路系统所需要的能头，即 M 点为能量的供求平衡点。M 点对应的这组参数即为该泵的运行工况。

如图 3-4 所示，以泵为例，若泵运行工况点不在 M 点而在 A 点工作，此时泵提供的能头 H_A 大于管路在此流量下所需要的能头 H_A'，供给能量多于需求能量。多供能量促使管内流体加速，流量增大，直到工作点后移至 M 点达到能量供求平衡。反之，若泵在 B 点工作，则出现能量的供不应求，使管道流量减小，工作点左移到 M 点方可达到能量的供求平衡。由此可见，只有交点 M 可满足能量的供求平衡状态，即泵或风机唯有在交点处工作时才是稳定的。

对于风机，用全压反映风机总能量，但全压中动能占有较大比例，而能克服管路阻力的是全压中压能部分。当管路阻力较大时，用全压来确定工作点难以满足系统的要求。因而风机的工作点有时还用静压流量曲线 p_{st}-q_V 与管路特性曲线的交点 N，见图 3-5。风机 p-q_V 性能曲线与管路特性曲线的交点 M 为风机的总工作点。

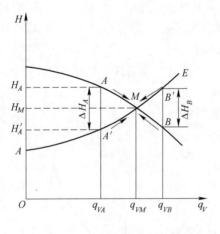

图 3-4　泵的工作点分析图

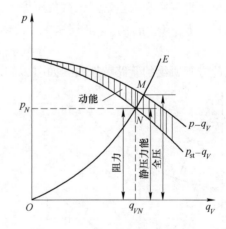

图 3-5　风机的工作点分析图

工作点是由管路特性曲线与泵或风机的 $H(p)$-q_V 曲线的交点确定，两曲线任何一条发生变化都将导致工作点改变。工程实际中特别注意影响泵与风机工作点因素，以便掌握泵与风机实际运行状况。导致管路特性曲线改变的因素较多，如前面已经指出影响管路特性方程式中 φ 的多种因素，此外还有（H_{zp}）吸入池和压出池液面压强，以及液位或风机管路系统入口和出口处压强的变化，被输送流体含固体杂质等。

三、泵与风机运行工况点的稳定性分析

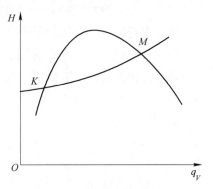

图 3-6 泵的稳定工况点

由前面分析可知，泵与风机的运行工况点是指在能量供求关系上是平衡点。如果泵与风机的性能曲线有驼峰，则泵与风机的性能曲线与管路性能曲线可能会有两个交点，如图 3-6 所示。这两个交点都能满足能量平衡关系，但是在泵与风机的实际运行中，不可能同时存在两个运行工况点。

当工况点 K 由于某种原因（例如由于电网的电压波动、频率变化而引起转速变化、振动等）向左偏离一点时，则这时由于能力关系是供小于求，结果使得流量继续减小，工况点继续向左偏移而远离 K 点；如果工况点稍微向右偏离一点，则这时由于能量关系是供大于求，结果使流量继续增加，工况点也继续向右偏移而远离 K 点。可见，虽然 K 点的能量关系是供求关系平衡，但这种平衡是暂时的，这种在受到外界影响而脱离原来的平衡状态后，在新的条件下不能再恢复到原来平衡状态的工况点，称为不稳定运行工况点。所以 K 点不是实际运行的稳定工况点。再看 M 点，由于某种原因，工况点向左或向右偏离 M 点，在新的条件下自动恢复到 M 点运行，以保持能量的供求平衡。这种受到外界某种偶然因素的影响而脱离原来的平衡状态后，在新的条件下仍能恢复到原来的平衡状态的工况点，称为稳定运行工况点。

【配套实训项目建议】

（1）离心泵性能曲线测定。

（2）离心泵性能测定仿真实训。

【拓展知识】

风机的喘振现象

喘振是一种发生在风机上的典型不稳定工作状态。在大容积管路系统中工作的风机，由于气体具有易压缩的性质，风机处于不稳定工作区运行时，流量会出现周期性地反复在很大范围内变化，引起风机强烈振动和噪声，这种现象称为喘振或飞动。

图 3-7 为离心式风机的驼峰形性能曲线，在其驼峰顶点 K 的右侧为正常工作区域。若工况点向流量减小的方向移动，移至 K 点时，处于临界状态。当工况点移至 K 点的左侧，如 B 点，此时的风机出口压力较 K 点的压力减小，但是，由于管路系统容积大，且气体的压缩性较大，管路系统内的压力不会立即随之改变，而是保持在 K 点时的压力。此时管路系统中的压力大于风机出口的压力。为保持风机和管路系统的压力平衡，实际运行的工况点则会迅速地移至图 3-7 中

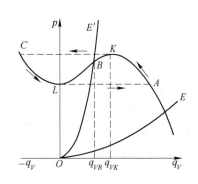

图 3-7 风机的喘振过程

第二象限的 C 点。此时风机处于"倒灌"状态，且管路系统输出的流量还会在管路内压力的作用下保持在 q_{VK}，于是管路内的压力逐渐降低，与之相配合的风机压力也随之降低，使得运行工况点在风机和管路压力平衡的情况下移至 L 点。由于管路内的气体继续减少，风机在工况点 L 并不能稳定下来，而是继续向流量增大的方向移动，当流量大于零流量（L 点）时，风机出口的压力增大，由于管路系统中的压力不会立刻随之变化，而是仍保持 L 点的压力，所以风机出口的压力大于管路系统内压力，致使流量迅速增大，实际运行的工况点迅速地移至 A 点。风机在工况点 A 也不能稳定下来，由于从 L 点到 A 点的过程很快，管路系统输出的流量小于风机输送至管路系统中的流量，于是管路内的压力会逐渐升高，与之相配合的风机压力也随之降低升高，使得运行工况点在风机和管路压力平衡的情况下移至 K 点。据此可知，风机此时的工况点自 K 至 C、至 L、至 A、至 K……周而复始，形成了风机的喘振现象。如果由喘振造成的系统中压力的波动与系统的固有频率相同或成整数倍，则管路系统就会发生共振现象，这样会造成更大的损害。

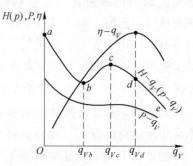

图 3-8　轴流式泵与风机性能曲线

　　同离心式风机产生喘振的原因一样，轴流式风机的工况点进入其驼峰形性能曲线的驼峰顶点（图 3-8 中的 c 点）的左侧也会发生喘振。但是，轴流式风机一般都是采用动叶调节的方法改变工况点，在减小流量时，工况点可以避开不稳定工作区域。

　　由上述分析可知，喘振的发生除了和风机特性有关之外，和管路系统某些特性有密切关系，实际上，喘振是特定情况下的风机特性和管路系统耦合造成的一种特殊现象。虽然喘振常发生在运行的风机上，但是在特定的情况下，也有可能发生在水泵系统中，例如，在泵的压出管路内有气体大量聚集时。

　　防止发生喘振的主要措施为避免选用具有驼峰形性能曲线的风机，如果已选用了具有驼峰形性能曲线的风机，可以采用下列防范措施：

　　（1）采用合适的调节方法。轴流式风机一般都有不稳定工作区，如采用动叶调节或入口导流器调节，可以避免小流量时的不稳定运行。

　　（2）采用再循环系统。当系统所需的流量减小到不稳定区段时，开启再循环门，使通过叶轮的流量保持在较大值。

　　（3）装设放气阀。当系统所需的风量小到不稳定区段时，开启风机出口管路上的放气阀，使风机一直在较大流量下工作。

　　（4）采用适当的管路布置。对于风机，应避免风机出口管路上有很大的储气空间，调节风门应靠近风机出口；对于泵，应尽可能避免出口管路上有气体大量聚积，调节阀门应靠近泵的出口。

【综合练习】

3-1-1　填空题

　　（1）泵管路特性方程 $H_c = H_{st} + \varphi q$ 中，H_c 是表示当管路输送的流量为 q_V 时，_____的液体所需的机械能。

（2）泵与风机的实际工作点应落在＿＿＿＿＿＿＿点附近，工作才最经济。

3-1-2　简答题

（1）影响管路特性曲线的因素有哪些？

（2）风机喘振现象是如何产生的？

任务二　泵与风机联合运行

【任务导入】

当采用一台泵或风机不能满足流量或能头要求时，可采用两台以上的泵或风机组成一个整体的联合运行方式，联合运行方式有串联与并联两种。

一、泵与风机的串联运行

串联运行是指管路系统中两台以上首尾相接的泵或风机依次传送同一流体的运行方式，如图 3-9（a）所示。串联工作的主要目的是增加输送流体的能头。此外，大型火电厂中为防止高转速给水泵入口液体的压强低而发生汽蚀，均采用了串联前置泵先行升压。

（一）串联运行特点

串联运行的整体性能特点是：其输出总流量等于通过每台泵或风机的流量，输出总能头为每台泵或风机的能头之和。若有 n 台泵或风机串联，则有：

$$H_c = H_1 + H_2 + H_3 + \cdots + H_n = \sum H_i$$

$$p_c = p_1 + p_2 + p_3 + \cdots + p_n = \sum p_i$$

$$q_{Vc} = q_{V1} = q_{V2} = q_{V3} = \cdots = q_{Vi}$$

式中，$H_i(p_i)$ 为第 i 台泵（风机）的扬程（全压）；q_{Vi} 为第 i 台泵（风机）的流量。

（二）串联运行的工况特性分析

泵与风机串联联合运行合成性能曲线应按泵与风机流量相同、扬程叠加的原则绘制。串联运行的工作点由反映串联泵或风机整体性能的合成性能曲线与其工作管路系统特性曲线确定。如图 3-9（b）所示，其中曲线 Ⅰ 与 Ⅱ 为两台性能相同的泵单独运行性能曲线，曲线 Ⅲ 是性能曲线 Ⅰ 与 Ⅱ 在若干同流量下，将两台泵的扬程相叠加，描点连接而成的。曲线 Ⅲ 与管路特性曲线交点 M 是能量的供求平衡点，即串联泵的联合工况点，B 点为串联运行时每台泵的运行工况点，C 点为串联运行前每台泵的运行工况点。

由图 3-9（b）可知，在串联运行的管路通流特性（曲线）保持不变时，泵串联后与其单独在此管路系统中工作比较，两台泵串联运行所产生的扬程增大，但小于其单独运行产生扬程之和。在串联运行时，扬程增高大于阻力增加，使富余的能量促使流体流动加快，因此流量也增加；而流量的增加又使阻力增大，从而抵消了总扬程的升高。另外，管路性能曲线及泵性能曲线的不同梯度对泵串联后的运行效果影响较大；管路性能曲线越平坦，串联后的总扬程越小于两台泵单独运行时扬程的 2 倍；同样，泵的性能曲线越陡，则

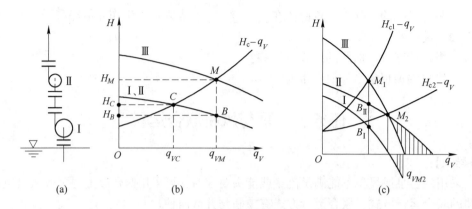

图 3-9　两台泵串联运行

(a) 串联布置示意图；(b) 两台同性能泵串联运行；(c) 两台不同性能泵串联运行

串联后的总扬程与两台泵单独运行时的扬程之差值越小。因此，为达到串联后增加扬程的目的，串联运行方式适用于管路性能曲线较陡而泵性能曲线较平坦的情况。

对于经常处于串联运行的泵，为了提高泵的运行经济性和安全性，应按 B 点选择泵，并由 B 点的流量决定泵的几何安装高度或倒灌高度，以保证串联运行时每台泵都在高效区工作并不发生气蚀。而为了保证泵运行时驱动电机不致过载，对于离心泵，应按 B 点选择驱动电动机的配套功率；对于轴流泵，则应按 C 点选择驱动电动机的配套功率。

两台性能不同的泵串联运行，如图 3-9（c）所示，曲线 Ⅰ 与 Ⅱ 为两台泵单独运行时的性能曲线，曲线 Ⅲ 为两台泵串联运行时的性能曲线。由图可知：运行工况点有 2 个，即 M_1、M_2，在 $q_V < q_{VM2}$ 的各点，两泵均能正常工作；当 $q_V > q_{VM2}$ 时，两泵的总扬程小于泵 Ⅱ 的扬程。若泵 Ⅰ 作为串联运行的第一级，则泵 Ⅰ 变为泵 Ⅱ 吸入侧的阻力，使泵 Ⅱ 吸入条件变差，有可能成为泵 Ⅱ 气蚀的原因；若泵 Ⅰ 为串联运行的第二级，则泵 Ⅰ 又变为泵 Ⅱ 压水侧的阻力。因此，在上述两泵串联的系统中，如果要求管路的流量 q_V 大于 q_{VM2} 是不合理的。

一般来说，泵串联运行要比单机运行的效果差，且随着串联台数的增加效果越差。因此，串联运行台数不宜过多，最好不要超过两台。同时，为了保证串联泵运行时都在高效区工作，在选择设备时，应使各泵最佳工况点的流量相等或接近。在启动时，首先必须把两台泵的出口阀门都关闭后启动第一台泵，然后开启第二台泵的出口阀，在第二台泵出口阀门关闭的情况下再启动第二台泵。此外，由于后一台泵需要承受前一台泵的升压，故选择泵时，还应考虑到后一台泵的结构强度问题。另外，由于几台风机串联运行的可操作性差，故风机一般不采用串联运行方式。

为使串联运行的泵或风机能取得较好的效果和较大的正常工作范围，应注意以下几点：

（1）串联台数不应过多，以两台为宜。

（2）串联方式适合用于静扬程 H_{zp} 较大、管路特性曲线较陡（管路阻力大）的工作管路系统。

（3）串联运行泵与风机的性能尽可能相近或相匹配，且以平坦型 $H(p)$-q_V 性能为佳。

二、泵与风机的并联运行

两台以上泵或风机同时向同一压出管路系统输送流体的工作方式称为并联运行，如

图 3-10（a）所示。并联运行的主要目的是为了增大输送流体的流量。火电厂中的给水泵、凝结水泵、送风机及引风机等常采用多台并联运行。此外，系统为了保证其运行的安全可靠性和调节的灵活性，设置有并联的备用设备。

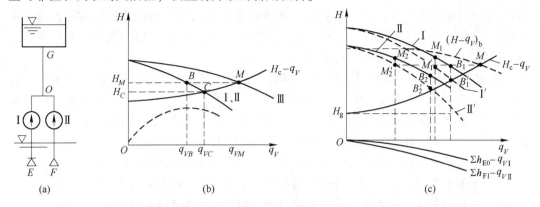

图 3-10　两台泵并联运行
（a）并联布置示意图；（b）两台同性能泵并联运行；（c）两台不同性能泵并联运行

同理，并联运行的工作点也是由反映并联泵或风机整体性能的合成性能曲线与其工作管路系统的特性曲线的交点来确定。

（一）并联运行特点

并联运行的整体性能特点是其输出总流量为每台泵或风机输出流量之和，输出总扬程（全压）等于每台泵或风机的扬程（全压），故并联运行合成性能曲线应按扬程相等、流量叠加的原则绘制。若有 n 台泵或风机并联，则有：

$$H_c = H_1 = H_2 = H_3 = \cdots = H_n$$

$$p_c = p_1 = p_2 = p_3 = \cdots = p_n$$

$$q_{Vc} = q_{V1} + q_{V2} + q_{V3} + \cdots + q_{Vn} = \sum q_{Vi}$$

式中，$H_i(p_i)$ 为第 i 台泵（风机）的扬程（全压）；q_{Vi} 为第 i 台泵（风机）的流量。

（二）并联运行的工况特性分析

如图 3-10（b）所示，两台性能相同的泵并联运行时的合成性能曲线 Ⅲ 是个体性能曲线 Ⅰ 与 Ⅱ 在若干同扬程下，将两并联泵的流量相叠加描点连接而成的。合成性能曲线 Ⅲ 与 CM 曲线的交点 M 即为两泵并联运行的工作点。

由图 3-10（b）可知，与一台泵单独运行相比，并联运行时的总流量并非成倍增加，而扬程却要升高，这是由于并联后通过共同管段的流量增大，管路阻力也增大，这就需要每台泵都提高其扬程来克服这个增加的阻力损失，相应每台泵流量减小。此外，管路性能曲线及泵性能曲线的不同陡度对泵并联后的运行效果影响极大。管路性能曲线越陡，并联后的总流量与两台泵单独运行时的流量之差值越小；同样泵的性能曲线越平坦，则并联后的总流量越小于两台泵单独运行时流量的 2 倍。因此，为达到并联后增加流量的目的，并联运行方式适用于管路性能曲线较平坦而泵性能曲线较陡的情况。

对于经常处于并联运行的泵，为了提高其运行经济性，应按 B 点选择泵，以保证并联运行时每台泵都在高效区工作。从运行安全可靠性考虑，为了保证在低负荷情况下只用一台泵运行时不发生气蚀，应按 C 点的流量决定泵的几何安装高度或倒灌高度；为了保证泵运行时驱动电动机不致过载，对于离心泵应按 C 点选择驱动电动机的配套功率；对于轴流泵，则应按 B 点选择驱动电动机的配套功率。

不同性能泵或风机并联运行的效果较同性能泵或风机要差，并且可能出现不良的运行工况。如图 3-10（c）所示，M 为两泵并联运行的工作点，其流量与 Ⅱ 泵单独运行的流量比较，增量不大。泵或风机性能差异越大及管路特性曲线越陡，流量增大的倍率越小，即效果越差。由于不同性能的泵并联运行操作复杂，故生产中很少采用。

以下措施可使泵或风机并联运行取得较好的效果和较大的正常工作范围。

（1）并联台数尽量少，因为并联台数越多，总流量增加的倍率越少。

（2）工作管路系统中的流动阻力损失要小，即管路特性曲线要平坦。

（3）并联泵或风机的性能应尽可能相近，最好性能相同。

（4）并联泵与风机的 $H(p)\text{-}q_V$ 性能曲线，陡降型较平坦型效果好。

根据上面串联、并联运行的分析可知：同一管路系统中，与泵或风机独立运行比较，串联运行在扬程增大的同时流量增加了；并联运行在流量增加的同时扬程也增大了。因此，工程实际中选择泵或风机联合工作方式时，尤其是性能相同泵或风机联合工作方式的选择，应进行具体的分析。选择的依据是管路的通流或阻力特性。无论是为了增加流量还是希望提高能头，一般管路流动阻力大，串联效果好；反之，并联效果好。

三、并联泵与风机的不稳定运行工况分析

性能相同的驼峰形 $H(p)\text{-}q_V$ 曲线的泵与风机并联运行时，可能出现一台泵或风机流量很大，另一台流量很小的状况。此运行工况若稍有调节或干扰，则两者迅速互换工作点，原来流量大的变小，流量小的变大。如此反复，以至于两台泵或风机不能正常并联运行这种不稳定运行工况称为"抢风"或"抢水"现象。

"抢风"现象是风机的不稳定工作在并联运行时的表现，发生时会出现一台风机的流量增加到很大，另一台却减至很小甚至出现倒流。此时若稍加调节，会出现相反的情况，原来大流量的风机变为小流量，而原来小流量的则变为大流量。下面以两台性能相同的轴流式风机并联为例，分析发生"抢风"现象的过程。

如图 3-11 所示，如果风机并联工作的工况点在 B 点的右侧，例如图中的 A 点，并不会发生"抢风"现象，其中的每台风机工况点为 A_1。当风机的工况点由 A 点移至 B 点，两台风机的工况点均为 B_1 点，但风机在 B_1 点不能稳定工作。因为只要系统压力及流量稍有波动，流量稍小的一台风机随流量减小其输出的风压下降，这会导致这台风机的流量进

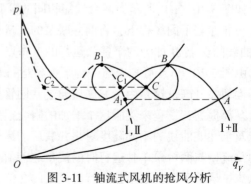

图 3-11　轴流式风机的抢风分析

一步减小，而另一台风机的流量加大，之后管路系统的风压亦随之下降，直至联合运行的工况点移至 C 点才可获得暂时的平衡。此时一台风机的工况点位于 C_1，而另一台风机的工况点位于 C_2，形成了流量一大一小的情况。工况点 C_2 处于严重脱流的工况。这时，如果人为干预，增加小流量风机的流量，使工况点越过鞍形性能曲线底部时，该风机出口风压将随流量的增加而上升，这将排挤另一台风机的流量，使两台风机的工况交换。

"抢风"现象出现时，由于风机内存在严重的脱流，除了造成风机运行效率降低之外，还会使系统的压力和流量波动，使系统运行不稳，甚至可造成阀门等设备的损坏。所以，在运行中应防止"抢风"现象出现。对于离心式风机，在选型时应避免使用性能曲线有驼峰的产品；对于轴流式风机，在低负荷时尽量使用单台风机运行，在高负荷再启动第二台风机，启动时应先关小运行风机动叶开度，避免并联后工况点进入不稳定工作区。运行中，一旦"抢风"现象出现，应先减小系统的总流量（对于锅炉送、引风机，应先降低锅炉的负荷），不可采用开大小流量风机的动叶和挡板的方法。

离心式风机和离心泵也有类似的现象。如果离心泵具有驼峰形性能曲线，并联工作时会出现类似的"抢水"现象。当管路特性曲线位置为图 3-12 中 DE 时，管道特性曲线与泵并联总性能曲线有两个交点 M 和 N。如果工况点为 M，则每台泵工况点均为 M_1，可以稳定工作；如果工况点为 N，则两泵工况点分别为 N_1 和 N_2，水泵 I 在 N_1，可以工作，水泵 II 在 N_2 点不能工作。实际上如果在 M 点工作，常常会因外界的各种扰动造成流量波动而使工况点不可逆地跳至 N 点，即发生"抢水"现象。

另外，实际中有时会遇到一台泵已经在管路上工作时，启动其他水泵发现不打水的现象，可能的原因如图 3-13 所示，当有不稳定区的离心泵并联运行时，如果有一台泵工作，管路系统内的水压与工况点 M 的扬程接近，此时启动另一台泵并开启其出口阀，则管路的压力可能会大于后启动的泵出口阀前的压力（接近 H_1），止回阀不能打开。实际上当泵的性能曲线过于平坦时，后启动的泵就有可能打不开出口止回阀，因为止回阀开启还需要一定的压差。

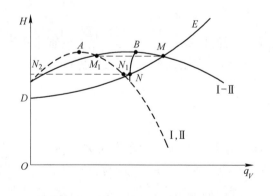

图 3-12 离心泵"抢水"的分析

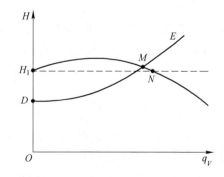

图 3-13 "抢水"的一个极端例子

【综合练习】

3-2-1 填空题

（1）两台大小不同的风机串联运行，串联工作点的全压为 $p_串$。若去掉其中一台，由

单台风机运行时，工作点全压分别为 $p_大$ 与 $p_小$，则串联与单台运行的全压关系为＿＿＿＿＿＿
＿＿＿＿＿＿。

（2）两台不同大小的泵串联运行，串联工作点的扬程为 $H_串$，若去掉其中一台，由单台泵运行时，工作点扬程分别为 $H_大$ 或 $H_小$，则串联与单台运行间的扬程关系为＿＿＿＿＿＿。

（3）两台同性能泵并联运行，并联工作点的参数为 $q_{V并}$、$H_并$。若管路特性曲线不变，改为其中一台泵单独运行，其工作点参数为 $q_{V单}$、$H_单$。则并联工作点参数与单台泵运行工作点参数关系为＿＿＿＿＿＿＿＿＿＿＿＿＿。

3-2-2 简答题

（1）泵与风机串联及并联工作的目的和条件是什么？
（2）并联运行的抢风和抢水现象发生的原因是什么？

任务三　泵与风机工况调节

扫码看视频

【任务导入】

为适应外界负荷变化的要求，泵与风机要进行流量调节的过程称为运行工况调节。如火电厂中给水泵、凝结水泵、送风机、引风机等的流量需随锅炉、汽轮机负荷的变化而改变。运行工况调节的实质就是改变工作点的位置，调节途径可以通过改变管路通流特性或改变泵与风机本身的性能来实现工作点移动。

泵与风机运行工况调节方法有非变速调节与变速调节，其中非变速调节主要改变管路特性曲线，变速调节主要改变泵与风机的性能曲线。非变速调节是较为传统的方式，效率低、能耗高，变速调节作为泵与风机的节能手段，已被广泛接受和选择，主要有变频调速和液力耦合器调速等，变频调速节能效果好而投资额大，液力耦合器调速节能效果稍差但投资省。

一、节流调节

节流调节是最简单，也是泵与风机应用最广泛的调节方法。它是通过改变管路系统中的调节阀（或挡板）的开度，使管路特性曲线的形状发生改变来实现工况点位置的改变。节流调节又分为出口端调节和入口端调节两种情况。

（一）出口端节流调节

出口端节流调节是指将装在泵与风机的压出管路调节阀开度改变而进行的工况调节。如图 3-14 所示，某泵调节阀全开时，管路系统的特性曲线为 H-q_V 曲线，此时的工作点为 M；若关小调节阀开度，泵的流量减小为 q_{VA}，阀门局部阻力系数增大，使管路特性曲线上扬为 Ⅱ 曲线，工作点移到 A。

此时泵的流量为 q_{VA}，扬程为 H_A，运行效率为 η_A，由分析图可知管路系统在阀门全开时通过 q_{VA} 所需能量为 H_B，但阀门关小后管路在通过相同流量时提供的扬程 H_A 大于 H_B。泵多提供的能量 ΔH 为消耗在调节阀上额外产生的节流损失，因关小泵出口所产生的

节流损失为 Δh，则相应节流损失功率（单位：kW）为：

$$P_A = \frac{\rho g q'_{VM} \Delta H}{1000 \eta_A} \qquad (3\text{-}3)$$

泵多提供的能量 ΔH 为消耗在调节阀上额外产生的节流损失，因此，节流调节的实际效率 η_A 小于其运行效率 η_A。可见，出口端节流调节运行经济性较差。

泵与风机出口端调节具有调节设备简单，操作方便可靠，但由于采用该调节方法节流时，能量损失很大，并且随着节流量或调节量增加而严重，同时它只能向着小于额定流量的方向

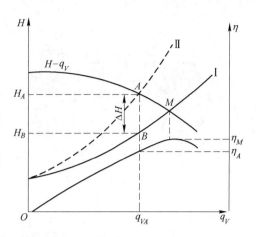

图 3-14　泵与风机出口端节流调节分析图

进行调节。轴流泵与风机的特点是随着流量减小，轴功率增大，故轴流泵与风机若采用出口端节流调节，不但不经济，还有可能导致电动机过载危险，因此，不能采用这种调节方式。

（二）入口端节流调节

对于风机，还可采用入口端节流调节，即通过改变入口挡板的开度，使风机的性能和管路系统特性同时发生变化来改变工作点的调节方式。因改变挡板的开度会使风机入口处气流参数和管路阻力系数都发生变化，图 3-15 所示为关小风机入口挡板的开度使流量减小到 q_{VB} 的情况。此时的工作点为 B。若采用出口端节流调节，则工作点为 C。可以看出，节流损失 ΔH_1 小于 ΔH_2，即入口端节流调节的经济性较出口端节流调节高。但这种调节在泵中不宜采用，因进口调节阀关小会使泵入口处液体的压强降低，可能导致泵发生汽蚀。

二、入口导流器调节

入口导流器调节是离心式风机广泛采用的一种调节方法，它安装在风机入口前，通过改变风

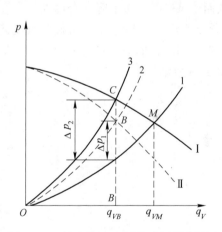

图 3-15　泵与风机入口端节流调节分析图
1—入口阀门一定开度时管路特性曲线；
2—入口阀门关小时管路特性曲线；
3—入口调节改为出口调节时管路特性曲线

机入口导流器的装置角来改变气流进入叶轮的方向，使风机性能曲线的形状改变。常用的形式有轴向导流器和径向导流器两种。图 3-16（a）所示为轴向导流器。轴向导流器由若干个扇形叶片构成，叶片上装有转轴，使叶片可沿自身轴线转动。在工作时，所有的叶片在连杆机构作用下同步转动，以改变扇形叶片的装置角，进而改变进入叶轮的气流方向。入口导流器的另一种形式为图 3-16（b）所示的径向导流器，也叫作简易导流器。它是一个由若干个叶片组成的叶栅，置于风机的进气箱前，在连杆机构作用下，每个叶片可绕自身轴同步转动，从而控制风机叶轮入口前气流的旋转。

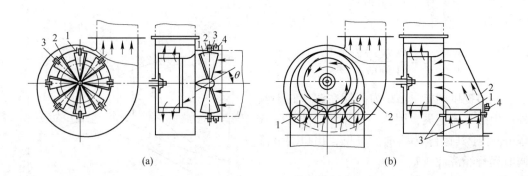

图 3-16　离心式风机的入口导流器

（a）轴向导流器示意图；（b）径向导流器示意图

1—入口叶片；2—叶轮进口风筒；3—入口导叶转轴；4—导叶操作机构

　　进入叶轮的气流方向改变，使风机的性能曲线的变化情况，可以通过对叶轮入口速度三角形的分析及泵与风机的基本方程式来说明。如图 3-17（a）所示，当导流器全开时气流径向进入叶片，$\alpha_1 = 90°$；当导流器开度减小时，气流进入叶轮前发生旋转，$\alpha_1 < 90°$，从而使风机的全压下降，全压曲线的位置随之发生变化。随着导流器叶片装置角的增大（导流器开度关小），进入叶轮的气流旋转增强，α_1 进一步减小，风机全压曲线的位置也将随之降低，如图 3-17（b）所示。同时，功率、效率等性能曲线亦发生相应的变化，如图 3-18 所示。

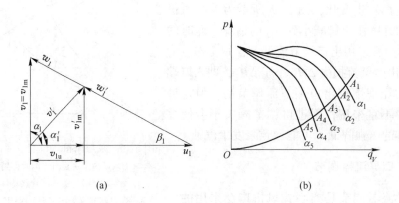

图 3-17　入口导流器调节

（a）叶轮入口速度三角形的分析；（b）风机全压曲线分析

　　和节流调节相比，风机采用导流器调节的优势主要体现在以下几个方面：一是没有节流损失，这将使风机实际工作效率提高；二是在风机偏离设计工况时自身效率的下降较少，这是因为随着轴向导流器叶片关小，风机效率曲线的峰值也向小流量方向偏移，这将使风机在小流量工作时的效率相对更高，如图 3-18 所示；三是在导流器调节过程中，工况点始终在性能曲线下降段，这就对 $p\text{-}q_V$ 曲线有驼峰的风机非常有利，避开了性能曲线的不稳定区域。

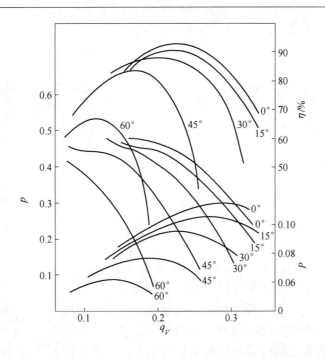

图 3-18 轴向导流器不同开度时 4-13.2 （4-73） 型风机的性能曲线

需要注意的是，对于水泵来讲，由于汽蚀性能的要求，入口导流器不适用于离心泵的调节。另外，轴流风机常采用的静叶调节原理与本调节方法基本相同。

三、旁通调节

旁通调节又称为回流调节，其方法是在泵与风机的出口管路上安装一个带调节阀门的回流管路，如图 3-19 所示。当需要调节泵或风机输出的流量时，通过改变回流管路上调节阀开度，把部分输出的流量引出并返回至吸入管路或吸入容器，这样，在泵或风机自身流量不变的情况下改变了输入到管路系统的流量，达到了调节流量的目的。

旁通调节的经济性差，调节效率仅比轴流式泵与风机采用节流调节时略高，低于离心式泵与风机节流调节的效率。这种调节方式仅在一些需要设置再循环的场合下有所应用，例如，锅炉给水泵为避免小流量下汽蚀现象设置的再循环就属于旁通调节。

四、动叶调节

轴流式和混流式泵与风机具有较大的轮毂，在轮毂内装设动叶调节机构，可以在运转中转速不变的前提下，调节叶片的安装角。泵与风机的动叶调节机构有液压式和机械式两种类型，发电厂用的大型轴流式风机多采用液压调节机构。

轴（混）流泵的叶轮上通常有 4~5 个叶片，叶片的形状为扭曲的机翼形。叶片安装在轮毂上，有固定式、半调式和全调式之分，后两种形式可以在一定的范围内改变动叶安装角进行调节。轮毂有圆锥形、圆柱形和球形三种，在可调节叶片的轴流泵中，一般采用球形轮毂，如图 3-20 所示。球形轮毂可以使叶片在任何角度和轮毂之间保持固定的间隙，减少水流经此间隙的泄漏损失。轴流泵的动叶调节机构有多种，其基本原理如图 3-21

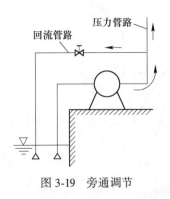

图 3-19　旁通调节

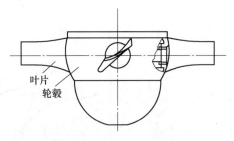

图 3-20　球形轮毂的叶轮

所示，通过空心主轴内的芯轴控制连杆机构，带动叶片曲柄，使叶片按照需要改变安装角。

　　大型轴流式风机液压动叶调节机构比较复杂，也有多种类型，但其工作原理近似。现以引进德国 TLT（TURBO-LUFTTECHNIK GMBH）公司技术生产的大型轴流式风机为例说明其工作原理。图 3-22 为 TLT 公司轴流式风机的液压调节机构工作原理图。液压缸内的活塞固定在活塞轴上，活塞轴则固定于叶轮的罩壳上和叶轮一同转动，活塞缸在液压油作用下产生轴向移动，带动叶柄上的调节杆（曲柄）运动，从而调节叶片的安装角。活塞轴一端插入液压缸，另一端插入控制头。控制头不转动，和轴之间设有轴承，在两个轴承之间开有两个环形油室，两油室中间及两端与轴的

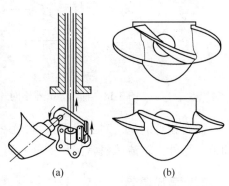

图 3-21　动叶调节示意图

（a）动叶调节示意；（b）叶片两种位置

间隙设有齿形密封。轴中心设有和液压缸同步轴向移动的位置反馈杆，在控制头内，位置反馈杆的端部是一个两面齿条。轴内还设有油道来供油和回油，以控制液压缸的轴向移动。该齿条的一面带动指示轴转动，以指示液压缸的位置；另一面通过齿轮带动连接控制滑阀的齿条移动，以控制进油和回油。由伺服电动机带动的控制轴偏心地安装一个连杆，连杆的另一端连接带有扇形齿轮的滑块，通过控制轴的旋转控制扇形齿轮的位置。当叶片安装角保持不变时，控制滑阀处于堵住油孔的位置，阻断了油路。当需要关小动叶安装角，即向"–"方向调整时，伺服电动机根据给定信号带动控制轴转动一定的角度，通过连杆使扇形齿轮向右移动，此时位置反馈杆位置不变，则扇形齿轮以与反馈齿条的啮合点为支点移动，带动控制滑阀向右移动。滑阀将液压油路接通至活塞右侧，回油路接通至活塞左侧，使液压缸右移，于是带动动叶开始向"–"方向转动。液压缸的右移带动反馈杆右移，通过齿条带动扇形齿轮转动，此时控制轴的位置不变，则扇形齿轮只能以自身轴为支点转动，通过控制滑阀的齿条使控制滑阀复位，重新阻断油路，液压缸停留在一个新的位置上。这样控制轴旋转一定的角度就使液压缸产生一定的位移，从而使其转过一定的角度。同样的道理，欲使动叶向开大的"+"方向转动时，只需向相反的方向调节控制轴即可。

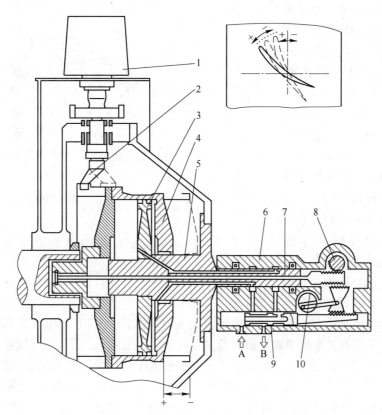

图 3-22　TLT 轴流式风机的液压调节机构

1—叶片；2—调节杆；3—活塞；4—液压缸；5—活塞轴；6—控制头；7—位置反馈杆；
8—指示轴；9—控制滑阀；10—控制轴；A—液压油；B—回油

根据轴流式和混流式泵与风机叶轮理论，动叶安装角的变化会改变 H，或 p，从而改变性能曲线，达到工况调节的目的。动叶调节性能曲线的变化类似于上述的入口导流器调节，如图 3-23 和图 3-24 所示。从图中可以看出动叶调节的特点如下。

（1）采用动叶调节的泵与风机具有较宽的高效区。轴流式或混流泵与风机具有高比转速泵与风机的特点，即最佳工况点的效率较高，但偏离最佳工况点时效率的降低较大，这就使动叶固定时的高效区较窄。但是，采用动叶调节时，某个角度动叶片的泵与风机效率曲线随着动叶开度减小而向左移动，如图 3-23 所示，这将使得泵与风机工况点保持在效率曲线的最高点附近，使实际运行的效率较高，因此泵与风机采用动叶调节具有较宽的高效区。

（2）动叶调节不但可以从安装角为零向

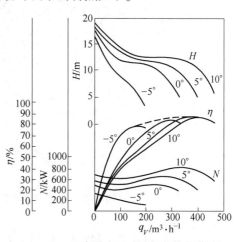

图 3-23　立式混流泵动叶调节性能曲线

减小流量的方向调节，也可向
增大流量的方向调节，如图
3-24 所示。因此，在选择动叶
调节的风机时，可以把 100%
机组额定负荷流量工况点
（MCR 点）选在性能曲线的最
高效率点，而把包括安全裕量
在内的最大流量工况点（T. B
点）选择在性能曲线上最高效
率工况点的大流量一侧。动叶
调节的这一特点使其和离心式
风机采用入口导流器调节相
比，具有更高的运行效率，如
图 3-25 所示。这是因为采用
入口导流器调节时只能将导流

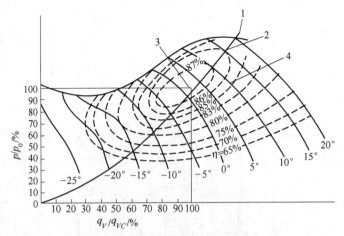

图 3-24　轴流式风机动叶调节性能曲线
1—管路特性曲线；2—最大流量点；
3—机组额定负荷时的工况点；4—等效率曲线（虚线）

器安装角从零往小流量方向调节，一般而言，入口导流器全开时（$\theta=0°$）风机工作在最
佳工况，这个工况点必须用来满足最大流量工况点（T. B 点），而风机实际工作概率最大
的 100%额定负荷流量工况点（MCR 点）只能错过效率最高的最佳工况点。在图 3-25 中，
轴流式风机采用动叶调节，在 100%机组额定负荷流量工况点（MCR 点）工作效率约为
88%；而采用入口导流器调节的风机在 MCR 点的效率仅为 70%左右。

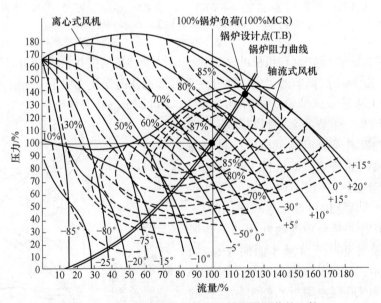

图 3-25　风机的动叶调节与入口导流器调节的比较

　　轴流式和混流式泵与风机的动叶调节是各种非变速调节中运行效率最高的调节方式，
但是与其他非变速调节方式相比，具有初投资高、装置复杂的缺点，因此，动叶调节主要

应用在容量大、调节范围宽的场合。对于火力发电厂来说，大型机组的锅炉送、引风机及一次风机、循环水泵常采用动叶可调的轴流式泵与风机。在发电厂锅炉送、引风机中，常见的还有静叶可调的子午加速轴流式风机，其静叶调节的效率也高于离心式风机入口导流器调节的效率，由于其调节特性和动叶调节有较多的相似之处，本书不再详细论述。

五、液位调节

液位调节是利用水泵系统的吸水箱水位升降来调节流量的一种调节方法。水泵吸入液位降低会使水泵吸入压力下降，如果压力下降造成了泵内汽蚀，就会使泵的流量下降。液位调节就是利用了这一原理。

如图 3-26 所示，凝结水泵输送的是饱和水，为使泵不发生汽蚀，必须有一定的倒灌高度。汽轮机负荷正常时热水井水位固定，为 H，此时水泵内不发生汽蚀，泵的工况点为 M。当汽轮机负荷减小，凝结水量小于泵的输水量时，热水井的水位就会下降，致使凝结水泵入口压力降低，发生汽蚀，使性能曲线急剧降落，随着液位的降低，泵的工况点分别为 M、M_1、M_2、$\cdots$，相应的流量亦减小至 q_{VM}、q_{V1}、q_{V2}、$\cdots$。流量减小后，与凝结水量达到平衡时，水位重新稳定于新的平衡位置。这种调节方法可以自动地调整水泵的实际流量以适应输水量的变化，在火力发电厂中常见于凝结水泵和部分疏水泵的调节。

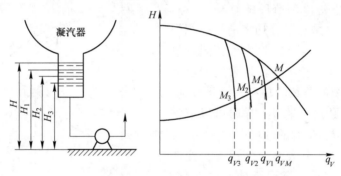

图 3-26　凝结水泵的液位调节

（a）液位调节流程；（b）液位调节工况变化

可见，汽蚀调节的明显特点是无须调节设备能自动调节流量，系统简单，不需要人员操作。另外，汽蚀调节没有增加节流损失，尽管发生汽蚀时，泵的效率会有所降低，但总的来说，在低于最大流量时，其轴功率比出口节流调节要低，即汽蚀调节较出口节流调节有一定的经济性，如果管路特性曲线与泵的性能曲线匹配得当，其节电效果也比较显著，例如一些中小型机组，凝结水泵汽蚀调节较节流调节能节电 30%～40%。

液位调节要求水泵的性能曲线 H-q_V 和管路特性曲线都比较平坦。另外，泵内的汽蚀对泵的使用寿命是不利的，水泵的叶轮需要采用耐汽蚀材料。如果汽轮机负荷经常变动，尤其是长期在低负荷运行时，凝结水泵应设有再循环管，长期低负荷运行时，应打开再循环门，提高热井水位，以减轻泵的汽蚀。

六、变速调节

根据比例定律可知，当泵与风机的转速改变时，其性能曲线的位置会发生变化，从而使工况点改变。这种通过改变泵与风机转速来调节流量的方法叫作变速调节。和其他调节方法相比较，变速调节具有更高的经济性，其节能原理简述如下。

变速调节的工况点在进行调节时沿着管路曲线变化，和节流调节相比，没有节流损失，且调节之后的工况点与原来的工况点接近相似工况，效率降低得很少，所以，这种调节方式的效率高。例如图 3-27 所示的情况，该水泵在转速 n_1 时的工况点为 M，相应的流量为 q_{VM}，欲将流量调节至 q_{V1}，采用变速调节时，随着泵的转速降低，工况点沿着管路特性曲线移动。当转速降至 n_2 时，流量变为 q_{V1}，此时的工况点为 B，效率可近似地按转速 n_1 的性能曲线上与工况点 B 相似的工况点 B' 的效率计算，则变速调节之后的轴功率为：

$$N_B = \frac{\rho g q_{V1} H_B}{1000 \eta'_B} \tag{3-4}$$

而为达到同样的调节结果（流量为 q_{V1}），如果采用节流调节，则随着泵出口调节阀关小，管路总阻力增加，管路特性曲线上移。当移至位置 II 时，泵的工况点沿着泵的性能曲线移至 A 点，效率为 η_A，此时泵的轴功率为：

$$N_A = \frac{\rho g q_{V1} H_A}{1000 \eta_A} \tag{3-5}$$

由于 $H_A > H_B$，$\eta_A < \eta_B$，所以节流调节后的轴功率 N_A 高于变速调节后的轴功率 N_B。N_A 较高的原因：一是有部分功率消耗在阀门的节流损失；二是泵自身的效率也较同流量下变速调节时低。二者之差就是采用变速调节比采用节流调节所节约的功率。由此可见，变速调节在低于最大流量下工作时可以节约轴功率，流量越低，节约的轴功率就越多。

需要注意的是，在大多数情况下，变速调节前后工况点流量、扬程及功率的变化，并不能直接满足于比例定律，只有变速前后的工况相似时（例如一般情况下的通风机采用变速运行时），泵与风机流量、扬程及功率变化才能满足比例定律。实际上，常用图解法找出变速前后的工况点来分析变速调节参数的变化。

变速调节是泵与风机运行经济性很高的一种调节方法，是泵与风机节能改造的一个重要方向。实现泵与风机变速的方式主要有

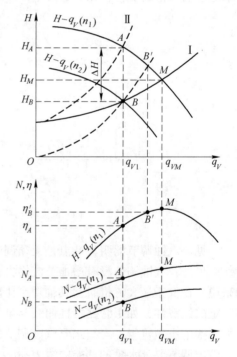

图 3-27　变速调节的节能原理

三种类型：一是采用固定转速的电动机加无级变速装置；二是采用电动机变速运行；三是采用可变速汽轮机作为泵与风机的原动机。在发电厂大型泵与风机中常用的变速调节方法主要有液力耦合器变速调节、采用双速电动机辅以进口导流器或出口节流阀调节、可变速汽轮机变速调节、高压变频器变速调节。

（一）液力耦合器

液力耦合器又称为液力联轴器，是一种以液体为工作介质，利用液体动能传递能量的一种叶片式传动机械。按应用场合的不同可分为普通型（离合型）、限矩型（安全型）、牵引型和调速型。应用于泵与风机变速的是调速型液力耦合器，本书所讨论的仅限于调速型液力耦合器（以下均简称液力耦合器）。

1. 液力耦合器工作原理

图 3-28 为调速型液力耦合器结构图，其结构的主要部件是泵轮、涡轮、旋转内套及勺管等。旋转内套连接在泵轮上，同泵轮一同旋转。由泵轮、涡轮、旋转内套构成了两个圆环形腔室，即涡轮和泵轮之间的工作腔及涡轮与旋转内套之间的勺管室。泵轮和涡轮均有一个半环形腔室，腔室内有 20~40 片径向叶片。为避免共振，涡轮的叶片一般比泵轮的少 1~4 片。泵轮和涡轮的间隙很小，只有几毫米，工作腔内充有工作介质油。在工作时，与主动轮相连接的泵轮带动着工作腔中的工作油

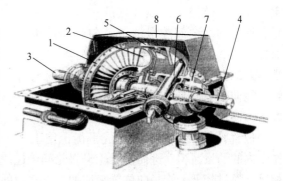

图 3-28 液力耦合器
1—泵轮；2—涡轮；3—输入轴；4—输出轴；
5—旋转内套；6—勺管；7—回油管；8—机壳

旋转，在离心力作用下，工作油产生如图 3-29（a）中箭头所示的圆周运动（称循环圆），泵轮的出油有很大的圆周速度，因而具有较大的动量矩。工作油进入涡轮后，沿着由径向叶片组成的流道做向心运动，将动能传递给涡轮，使涡轮转动，带动连接在涡轮上的从动轴转动，但是涡轮的转动速度低于泵轮转动速度。工作油从涡轮流出时的动量矩较小，进入泵轮后在泵轮流道中流动重新获得能量。如此周而复始，将主动轴的转矩由泵轮和涡轮传递到从动轴上。

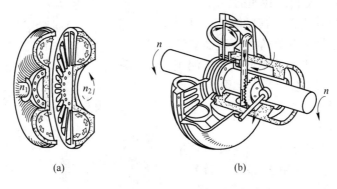

（a）   （b）

图 3-29 工作腔内介质油的流动
（a）工作油运动方向；（b）主动轴运动方向

液力耦合器正常工作时，工作油由于剧烈的冲击和摩擦而产生热量，使油温升高，这就需要不断地进油、出油形成循环，以带走热量。耦合器外部设有热交换器和油泵。工作

腔内的油量决定了泵轮、涡轮间传递转矩的大小，因而，改变耦合器工作腔内的充油量就可以改变涡轮和泵轮的速度比，从而达到调速的目的。调节工作油量的方法有以下两种。

　　一种方法叫作出油调节或称为勺管调节，如图 3-30（a）所示，即设置可伸缩的勺管，由电动执行机构及连杆控制其行程。在勺管室中的工作油靠自身的动能冲入勺管口，于是勺管将这部分工作油吸出勺管室。在固定转速下，耦合器的进油量、泵轮和涡轮的径向间隙泄油量及勺管出油量保持平衡，使工作室内的油量保持一定。当需要减负荷时，由伺服机构带动提高勺管的径向位置，使勺管口没于油环的液面以下，使出油量大增，直至液位降至勺管口的位置，进出油量重新达成平衡，使工

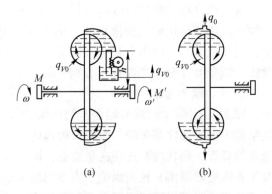

图 3-30　勺管和喷嘴的工作原理
(a) 勺管调节；(b) 进油调节

作室内的油量减少，进而使泵轮、涡轮间传递的转矩减小，涡轮的转速下降。增负荷时则相反，通过降低勺管径向位置来增加工作室内的充油量，使涡轮转速提高。但是此方法最大的缺点是进油速度不能快速增加，以适应泵或风机的快速升负荷或升速的要求。

　　另一种方法叫作进油调节，如图 3-30（b）所示。来自工作油泵的进油先经过一个调节阀再进入耦合器，调节阀由电动伺服机构控制而改变进油量，出油经固定在旋转内套上的喷嘴喷出，经回油系统流出液力耦合器。喷嘴的流量大小需要精确设计，流量过大，能量损失大；流量过小，则无法控制油温的升高。由于出油量的限制，此方法不能适应泵或风机紧急降负荷或转速的要求。

　　上述两种调节方法各有其优缺点，可根据实际需要进行选择。在负荷和转速需要快速调节的场合，则更多地采用进油、出油相结合的勺管、进油阀联合调节（如图 3-31 所示）来适应快速调节的要求。

　　2. 液力耦合器性能

　　表示液力耦合器性能的参数主要有转矩（用 M 表示）、转速比（用 i 表示）、转差率（用 s 表示）和调速效率（用 η 表示）等。

　　在忽略耦合器内轴承、密封处的机械损失及容积损失的情况下，输入转矩（即为作用在泵轮上的转矩 M_p）等于输出转矩（即

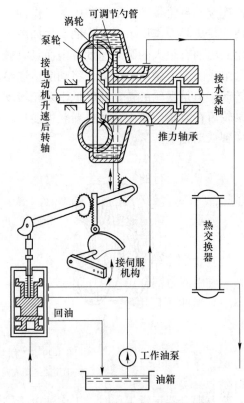

图 3-31　勺管进油阀联合调节示意图

作用在涡轮上的转矩 M_T）。经泵轮和涡轮传递的功率分别为 M_P、ω_P 和 M_T、ω_T，则耦合器工作的效率就为：

$$\eta = \frac{M_T\omega_T}{M_P\omega_P} = \frac{\omega_T}{\omega_P} = \frac{n_T}{n_P} = i \tag{3-6}$$

由此可见，耦合器传递效率与涡轮和泵轮的转速比相等。传递损失率 $1-n=1-i=s$，即泵轮和涡轮的传递损失率总与其转差率相等。

图 3-32 所示为泵轮转速不变时不同的工作室充油率 C 下涡轮、泵轮转速比和传递转矩的关系曲线，即耦合器外特性曲线。由图 3-32 可以看出，若转速比不变，随着充油率的增加，所传递的转矩增加；若传递固定转矩，则随着充油率的增加转速比增加。实际上泵与风机运行的阻力矩与转速的关系受负荷特性的影响而情况有所不同，对于滑压运行的给水泵，其阻力矩曲线为 1；对于锅炉送、引风机或无背压的水泵，其阻力矩曲线为 2；对于定压运行的给水泵，其阻力矩曲线为 3。泵与风机的阻力曲线与耦合器外特性曲线的交点即为驱动力矩和阻力矩的平衡点，就是液力耦合器的工况点。

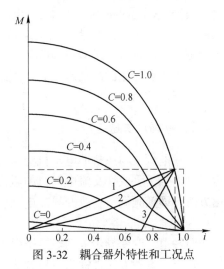

图 3-32　耦合器外特性和工况点

从图 3-32 中也可看出，充油率 C 一定时，转速比越大，耦合器所传递的功率就越小。

（二）小汽轮机

由于汽轮机变速运行很容易实现，故可以采用小汽轮机直接驱动泵与风机，来实现泵与风机的变速运行。基于诸多方面的原因，采用小汽轮机驱动方式主要应用在大型火力发电机组的锅炉给水泵上。小汽轮机的汽源可以采用主机抽汽或高压缸排汽。

对单机容量较小的机组而言，由于驱动给水泵的小汽轮机容量相对较小，其内效率不高，使其变速运行的经济性受到一定的限制。目前，根据技术经济比较的结果，一般认为单元制机组的容量在 200 MW 以上时，采用小汽轮机驱动给水泵才是最佳方案。

采用小汽轮机变速驱动给水泵的优点主要有：

（1）降低了厂用电率，增大了机组的输出电量，大约可使输出电量提高 3%~4%。

（2）提高了给水泵变速运行的效率。对于 250 MW 以上的单元制机组，在额定工况下可比应用液力耦合器提高运行效率达 4%，在低于额定工况时提高得更多。

（3）减少了厂用电变压器及电器设备的投资。

（4）汽动给水泵不受电网频率变化的影响，具有比电动给水泵更好的运行稳定性。

使用小汽轮机变速运行显然存在的一个缺点，就是无法满足单元制机组的机组启动要求，常需设置电动泵作为锅炉上水、点火和低负荷时之用。因此采用汽动给水泵的机组常采用的配置形式为：两台 50% 容量的汽动调速泵和一台 25%~40% 容量的电动备用泵。电动泵一般都配置有液力耦合器来实现变速。

ND（G）83/83/07-6 型小汽轮机是 300 MW 机组配套的给水泵驱动用变速凝汽式汽轮

机。按单元制机组给水要求，每台主机需配置两台 50% 容量的给水泵。小汽轮机采用高压和低压两种汽源单独或同时供汽。在机组高负荷运行时，利用主机的第四段抽汽（中压缸排汽，$t = 335.5 \, ℃$，$p = 0.762 \, \text{MPa}$）为小汽轮机的汽源，称为主汽源或低压汽源。当机组在低负荷运行时，该段蒸汽参数低于小汽轮机的要求，汽源需切换至来自锅炉的新蒸汽，即锅炉的新蒸汽作为小汽轮机的辅助汽源或高压汽源。该型小汽轮机在进汽结构上采用相互独立的高、低压进汽室和喷嘴组，以及独立的主汽门和调节机构，高低压汽源切换时允许两种汽源同时进汽。在高于 40% 额定负荷时，全程由低压主汽源供汽，由低压调节阀调节进汽量来控制转速。当机组负荷低于 40% 时，高压调节阀自动开启，两种不同参数的蒸汽同时进入，随着负荷降低，低压蒸汽逐渐减少。该型小汽轮机可设有专用的凝汽器，凝结水由专用的凝结水泵并入凝结水系统，也可不设专用凝汽器，将小汽轮机排汽引入主机凝汽器。

（三）电动机变速运行

火力发电厂泵与风机的电动机变速运行主要是应用交流电动机变速运行的方法，其变速途径可以分为：改变交流电动机的磁极对数的调速方法，即变极调节；改变电源频率的调速方法，即变频调节；改变异步电动机的转差率的调速方法。较常见的具体方法如下。

1. 双速电动机

我们知道，改变异步电动机定子磁极对数可以改变磁场的旋转速度，进而可以改变电动机的转速，这种方法被称为变极调速。大中型电动机的变极调速，常采用双速电动机，它改变磁极对数的方法有两种：一种是在电动机定子槽内嵌置两套不同的绕组，叫作双绕组或分离绕组电动机；另一种是在电动机定子槽内仅嵌置一套绕组，通过改变定子绕组的接线方式变极，叫作单绕组电动机。单绕组双速电动机的磁极对数可以成整数倍改变，如 4/2、8/4 极，也可以成非整数倍改变，如 6/4、8/6、10/8 等。用于泵与风机变速运行的双速电动机一般宜采用非整数倍的变极方式。

双速电动机有高、低两个转速挡，高负荷时采用较少磁极对数的高速挡运行，低负荷时采用较多磁极对数的低速挡运行，实现有极变速运行，再辅以其他的调节方式以适应任意的转速。实际使用中，双速电动机配合入口导流器调节，常见于风机的变速运行，国产 200 MW 机组的送风机和引风机即为这种方法的应用实例。

双速电动机具有在变速运行时效率高、设备维护方便、投资省等优点，但是该方法也具有不能连续变速、变速时有较大的冲击电流，甚至有些双速电动机不能运转中切换转速的缺点，这些缺点很大程度上限制了双速电动机的应用。

2. 变频调速

改变电源的频率即采用变频器的方法可改变异步电动机转速。变频器的基本组成如图 3-33 所示，由整流器、中间滤波环节、逆变器及控制电路组成。整流器一般由大功率二极管或晶闸管组成三相桥式电路，它的作用是将恒压、恒频的交流电变为直流电，作为逆变器的直流供电电源。逆变器一般由大功率晶闸管或晶体管等半导体器件组成三相桥式电路，其作用与整流器相反，是将直流电转变为可调频率的交流电。中间滤波环节由电容器或电抗器组成，它的作用是对整流器输出的直流电压和电流进行滤波。控制电路的作用是控制可调频率的变化。根据中间滤波环节的滤波方式的不同，变频器可分为电压型和电流型。在泵与风机变速运行中常用的是电流型变频器。

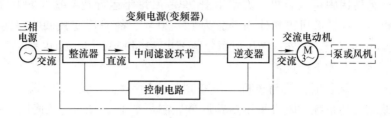

图 3-33 变频器的基本组成

变频调速以其调速效率高、调速范围宽、功率因数高、调速精度高等优势,又可以实现真正的软启动,减少对电网的电流冲击和对设备的机械冲击,还可有效地延长设备的使用寿命,因此对于大部分采用笼型异步电动机拖动的泵与风机,变频调速不失为理想的选择。但是,由于变频器较复杂,价格昂贵,运行和维护的要求较高等原因,目前在火力发电厂泵与风机上的应用并不广泛。随着变频器技术的发展和制造成本的下降,变频调速无疑是一种很有发展前途的调速方式。

【拓展知识】

以某电厂的鼓风为例,设计参数见表 3-1,经济性比较见表 3-2。

表 3-1 风机型号及参数

电动机型号	台数	风量/m³·h⁻¹	转速/r·min⁻¹	电机功率/kW	总功率/kW
JQ₂-72-4	2	329001	480	30	90

现采用两种设计方案,A 方案如表 3-2 中风机定流量系统,即风机处于开环、恒定转速下使用。B 方案采用变频风机变流量系统,采用变频技术调节流量。现对两种方案节能情况及经济性进行比较,详见表 3-2。

表 3-2 两种方案节能情况及经济性比较

方案类别	符合率/%	年运行时间/h	功率/kW	用电量/kW·h	电费/万元	总电费/万元·年⁻¹
方案 A:风机定流量系统	100	1200	30.0×2=60	72000	4.82	20.61
	90	1500	27.3×2=54.6	81900	5.49	
	80	1800	24.3×2=48.6	87480	5.86	
	70	1500	22.1×2=44.2	66300	4.44	
方案 B:变频风机变流量系统	100	1200	30.0×2=60	72000	4.82	15.01
	90	1500	21.9×2=43.8	65700	4.40	
	80	1800	15.4×2=30.8	55440	3.71	
	70	1500	12.7×2=25.4	30900	2.07	
电费差价/万元·年⁻¹						5.6

注:设风机的初投资为 a 万元,工业电价按 0.67 元/(kW·h) 计算,风机 2 用 1 备,变频器价格按照市场价 1200 元/kW 计算,风机的传动效率 η_c 取 95%。

从表 3-2 中可以看出，虽然方案 B 比方案 A 初投资增加 10.8 万元（变频器投资），但是从全年运行费用中可以看出，方案 B 比方案 A 每年运行费节省 5.6 万元，运行 1.9 年即可收回投资。而一般风机的使用寿命为 15~20 年，故采用变频调节在使用寿命期内可节约 70 万~100 万元。另外，鼓风机每年可节电 83640 kW·h，节电率 27.2%，节能效果明显。变频调节有如下特点：

（1）电厂系统运行时，泵与风机采用变频变流量系统方案，节能效果明显，特别适用于负荷相差较大的系统。风机采用变频调节控制可节电 27.2%，在使用期内可节约 70 万~100 万元。

（2）采用变频调速技术后，由于电机、风机的转速普遍下降，减少了机械摩擦，延长了设备的使用寿命，降低了设备的维修费。

（3）应用变频调速后，电机可以软启动，启动电压降减少，对电网的冲击大幅减少。

（4）采用变频调速装置，所有风机应同时参与变频调节，确保安全可靠运行。

【综合练习】

3-3-1　填空题

（1）出于运行的安全可靠性考虑，离心泵不宜采用_____调节方式。

（2）变速调节前后工况点流量、扬程及功率的变化，并不能直接满足于比例定律，只有变速前后的_____（例如一般情况下的通风机采用变速运行时），泵与风机流量、扬程及功率变化才能满足比例定律。

3-3-2　简答题

试比较节流调节和变速调节的优缺点。

任务四　泵的启停及运行

【任务导入】

泵与风机安装后，经过试运行，确认安装质量符合要求后才可以正式投入使用。由于泵与风机本身的特点和应用场合的不同，具体的运行操作也有差别，但总的原则基本是一致的。

我国热力发电厂的单机容量在不断增大，六十万、一百万、千万机组相继投入运行，为了适应现代化高压锅炉给水容量增长的需求，泵的转速需要大大地提高，相应的泵的驱动方式、结构和材质等也有了新的要求。同时，单元机组参加电网调峰，会使给水泵流量变化范围增大，其扬程、吸入压力和给水温度也相应变化，从而泵的运行也将出现新的特点。

一、启动特性

泵和风机启动就是转子从静止到额定转速的加速过程，这个过程中作用于转子上的转动扭矩包括转子的加速转矩、各种机械摩擦阻力矩、流体的各种摩擦阻力矩，这些力矩来源于原动机的启动转矩，随转速的增加而增加。对于不同启动方式，各种阻力矩也有所不同，为了随时平衡这些阻力矩，原动机功率就要随时变化。将泵与风机的转速由零增加至额定转速所需的旋转力矩随转速的变化关系就称作为启动特性。

图 3-34 所示为离心泵的启动特性曲线。图中 ef 为电动机启动转矩曲线，M_P 为电动机

额定功率的转矩，a 点是当转速 $n=0$ 时转子克服静摩擦的力矩，随着转速升高，很快转入动摩擦，摩擦力矩减小。随后的启动过程与水泵阀门的开闭有关，如果水泵在阀门关闭时启动，启动后水泵的旋转力矩随着转速的升高将沿着曲线 ab 变化直至到达稳定点 A。如果水泵启动时阀门开启，随转速增加而增加的力矩不但包括前述的各种力矩，还有叶轮对流体做功所需的力矩，即力矩增加得更快，启动过程沿着曲线 ab' 变化至稳定点 A'。比较开阀启动和关阀启动的过程，关阀启动是在更低的力矩下转速由零增加至 n_0 的，升速率更高。

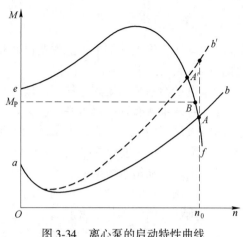

图 3-34　离心泵的启动特性曲线

　　启动过程中泵与风机升速率与原动机的特性有关，并且对原动机运行有很大的影响。异步电动机在合闸启动的瞬间会产生很大的启动电流（一般可达到额定电流的 5~8 倍，甚至可高达十几倍），启动电流随着转速的上升逐渐恢复到正常工作电流。电动机工作电流降低的过程就是其转速升高的过程。缓解启动电流冲击的方法实际有：一方面对电动机可采用星三角启动器、启动补偿器等措施降低启动电流；另一方面是尽量降低泵与风机启动时的力矩，以使其转速的升高加快。由上述分析可知，离心式泵与风机在关阀时启动转速上升得快，力矩小，对电动机的冲击小，所以离心式泵与风机应该在阀门全关的情况下启动，待转速上升至额定转速后再开启阀门至需要的开度。

　　对于离心泵，长时间关闭阀门运转是不允许的，因为泵内的各种能量损失最终将转化为热量使水泵过热，增加汽蚀的危险。因此，离心泵启动后，待转速升高且启动电流恢复至额定电流后，应尽快开启出口阀，并保持流量在允许的最小流量以上，或开启再循环阀门。对于大型离心式泵与风机，所需电动机的启动力矩也较大，启动过程中，电动机会产生很大的冲击电流。因此，常采用变速调节的方法，以改善泵与风机的启动条件。

　　对于轴流式泵与风机，与上述分析有很大不同，在流量为零的关死点的功率为最大值，此时的阻力矩最大，关阀门启动时的转速增加缓慢，电动机的冲击电流持续时间长。所以，轴流式泵与风机应在开阀门的情况下启动。当轴流式泵与风机采用动叶或静叶调节时，小开度下关死点功率亦小，所以，实际上轴流式泵与风机启动时是在全开管道上节流阀（或挡板）、关闭动叶或静叶的情况下启动，待转速上升至额定转速后再开大动叶或静叶的开度，以减小泵与风机的启动转矩。

二、泵的启动

　　不同类型及不同用途的泵在启动和运行方面的具体要求有所差别，下面以发电厂中的离心式泵电动给水泵组的启停及运行为例。

　　泵在启动之前要进行启动准备工作，包括有关检修完毕后的交接工作、启动前检查准备及相关操作等。

（一）启动前检查

（1）确认检修工作完毕，工作票已收回，设备完整良好、现场整洁，系统具备投运条件。

（2）电动给水泵系统阀门状态已按《电动给水泵系统投运阀门检查卡》确认无误。

（3）系统中所有热工仪表齐全、完好，指示正确。

（4）大修后的第一次启动，应将前置泵与电机间、给水泵与电机联轴器脱开，手动盘动转子无卡涩，并进行单体试转合格。

（5）确认电动给水泵电机、润滑油泵电机已送电。

（6）确认气动调节阀门、电动阀门传动正常，联锁保护试验正常。

（7）确认除氧器水位正常。

（8）确认闭式冷却水及凝结水系统运行正常，投入电动给水泵组冷却水。

（9）投入电动给水泵组密封水。

（10）启动一台润滑油泵，检查润滑油压力 $0.15\sim0.25$ MPa，调整油温 $35\sim45$ ℃。检查各轴承油质、油流正常，油系统无渗漏油现象，投入备用油泵联锁。

（11）给水泵前置泵已处于正常备用状态。

（12）液力耦合器操纵机构正常，勺管置于规定的启动位置。

（二）启动前准备

1. 泵体注水、排气

（1）开启电泵再循环调节门及前后隔绝阀门。

（2）关闭本体及管道放水阀门。

（3）开启电泵及给水系统管路排空气阀门，开启电泵出口电动阀门、调整阀门，稍开前置泵入口阀门，排除泵体及管路内气体后，关闭所有排空气阀门，逐渐开启前置泵入口阀门至全开。注意在注水排空气期间，除氧器水位保持正常，系统无泄漏。

2. 暖泵

暖泵时间的长短和暖泵方式直接影响着泵运行的安全和经济。冷态启动采用正暖方式（低压暖泵），即顺水流的方向暖泵，暖水从吸入侧进入，然后从末级导叶排出，或折回双层壳体内外壳之间，再从吸入侧排出。热态启动采用倒暖方式（高压暖泵），即逆原水流方向暖泵，暖水流程与正暖相反。暖水系统布置因机组不同而异。启动前必须暖泵，暖泵要充分，并且时间适宜。泵体温度在 55 ℃ 以下为冷态，暖泵时间为 $1.5\sim2$ h。泵体温度在 90 ℃ 以上（如临时故障处理后）为热态，暖泵时间为 $1\sim1.5$ h。暖泵结束时，泵的吸入口水温与泵体上任一测点的最大温差应小于 25 ℃。暖泵时应特别注意，不论是哪种形式暖泵，泵在升温过程中严禁盘车，以防转子咬合。在正暖结束时，关闭暖泵放水阀后，如果其他条件具备即可启动。而倒暖时，启动后关闭暖泵放水阀及高压联通管水阀。泵启动后，应控制泵的温升速度小于 1.5 ℃/min，如泵的温升过快，泵的各部热膨胀可能不均，则会造成动静部分磨损。

（三）启动

（1）确认电动给水泵组启动条件满足：

1）电动给水泵允许远程操作。

2）前置泵入口阀门全开。

3）再循环调节阀门及前后隔绝阀门开。

4）润滑油供油压力正常（小于 0.15 MPa）且润滑油温度正常。

5）除氧器水位达到定值。

6）电泵出口气动调节阀门置最小位（小于 5%）。

7）电泵出口电动阀全关。

8）前置泵传动端径向轴承温度正常（小于 75 ℃）。

9）前置泵自由端径向轴承温度正常（小于 75 ℃）。

10）前置泵推力轴承温度正常（小于 75 ℃）。

11）电机前置泵端轴承温度正常（小于 70 ℃）。

12）电机给水泵端轴承温度正常（小于 70 ℃）。

13）给水泵传动端径向轴承温度正常（小于 75 ℃）。

14）给水泵自由端径向轴承温度正常（小于 75 ℃）。

15）给水泵推力轴承温度正常（小于 80 ℃）。

16）无电动给水泵保护动作、跳闸条件。

（2）确认 6 kV 母线电压正常。

（3）顺控或手动启动电动给水泵，待转速稳定后，检查给水泵电流、出口压力正常，电加热退出。检查动静部分有无摩擦、振动和异音，油压、油温、轴承温度及轴向位移是否正常等。

（4）当锅炉具备进水条件时，开启给水泵出口阀门，稍开调整阀门向给水母管注水，锅炉开始进水。

（5）根据油温升高的情况，及时投运冷油器，调整维持冷油器出口油温在正常范围（一般为 35~45 ℃）内。

（6）投入泵的联锁及保护。

三、泵的运行维护

火力发电厂中水泵运行的可靠性和经济性直接关系到整个机组的经济运行和安全可靠性。在水泵运行维护中重点检查的内容主要有：

（1）定时巡视及抄表，根据机组负荷情况对泵的流量进行调节。

（2）监视运行设备各项参数的变化，如电动机电流、线圈及铁芯的温度和温升、入口风温，进出水真空、压力，各流道轴承油位、油流、回油温度及冷油器出口油温、油箱油位，轴承及泵体噪（异）声和振动、轴向位移、密封装置的工作情况、平衡室压力、泵流量，以及系统其他项目，并做好有关调整维护工作，保持泵处于最佳运行状态。

（3）对运行中出现的不正常工况，进行正确分析、判断和处理，发生故障或事故，应按规程规定的事故处理原则进行处理或进行紧急停机。

四、泵的停运

停泵的操作步骤与启动顺序相反。一般可分为正常停泵和紧急停泵。

（一）正常停泵

（1）如果有泵处于联锁备用状态，应先断开待停泵的联锁开关，开启再循环阀门，关闭出口阀门，断开辅助油泵的联锁开关，启动辅助油泵后，才能停泵。对于变速泵，停泵前还应逐渐降低转速至最小流量状态。停运后如泵反转，应立即手动关死出口阀门。

（2）断开泵的电源后，记录惰走时间，如果时间过短，应进行分析，原因不明时应检查泵内是否有摩擦和卡涩。

（3）泵停运后，如需作联锁备用，则应将泵的进口阀门开启，出口阀门关闭。联锁开关应在备用位置，投入辅助油泵和润滑油系统；若密封冷却系统已投入，应调整为运行备用状态，投入给水泵的暖泵系统。

（4）如停泵检修或长期停用，应切断水源和电源，放尽泵体内的余水，并挂标示牌，做好其他安全措施。

（二）紧急停泵

（1）遇到下列情况之一，应立即按事故按钮紧急停泵：

1）任一保护达到动作值而保护未动。

2）任一轴承断油或冒烟。

3）油系统着火不能及时扑灭。

4）水泵发生严重汽化、汽蚀。

5）蒸汽管道、给水管道破裂，威胁人身安全。

6）泵组突然发生强烈振动或泵组内部有清楚的金属摩擦声。

7）电动机冒烟着火。

8）润滑油箱油位低于规定值且补油无效时。

9）润滑油压降至低值启动辅助油泵后，油压继续下降至保护动作值而保护未动时。

10）工作冷油器入口温度高于130 ℃或耦合器内冒烟着火时。

11）耦合器油箱油位降至最低经补油无效时。

（2）紧急停泵的操作步骤：

1）立即按电动给水泵事故按钮或停泵按钮停泵。

2）检查电动给水泵辅助油泵应自启，否则应手动启动。

3）检查关闭电动给水泵出口阀门及中间抽头一次阀门。

4）根据油温、风温停用冷油器、空冷器水侧。

5）汇报单元长、值长，做好记录。

（3）有下列情况之一发生应先启动备用泵再停止故障泵：

1）液力耦合器卡涩或调节失灵时。

2）泵组任一轴承振动较大时。

3）给水泵电流超过额定值，但出力在额定值以内。

4）工作油冷器进口油温高于110 ℃采取措施无效时。

5）润滑油冷油器进口油温低于65 ℃采取措施无效时。

6）给水泵、径向轴承温度、推力轴承温度或电机轴承温度高于85 ℃时。

7）电机定子线圈温度高于 130 ℃ 时。

8）给水泵（主）入口滤网或前置泵入口滤网压差大于 0.06 MPa 时。

9）液力耦合器油箱油位异常升高时液力耦合器油箱位低于最低液位不能及时恢复时。

（4）出现下列情况之一时运行给水泵跳闸：

1）手动停运指令发出以及打停事故按钮。

2）工作油进口油温不低于 130 ℃。

3）电机绕组线圈温度不低于 140 ℃，延时 2 s。

4）主给水泵推力轴承温度不低于 95 ℃，延时 2 s。

5）电动给水泵电机前置泵端/耦合器端径向轴承温度不低于 90 ℃，延时 2 s。

6）主给水泵自由端/传动端径向轴承温度不低于 90 ℃，延时 2 s。

7）电动给水泵前置泵推力轴承温度不低于 90 ℃，延时 2 s。

8）电动给水泵运行且电动给水泵入口给水电动阀全关，延时 2 s。

9）润滑油压不大于 0.08 MPa，延时 3 s。

10）除氧器水位达低 II 值。

11）电动给水泵液力耦合器轴承温度不低于 90 ℃，延时 2 s。

12）给水流量小于最小值，再循环阀门未开启，延时 10 s。

13）电动给水泵运行且电动给水泵入口压力不大于 0.90 MPa。

14）直流控制电源失电。

15）6 kV 电源失电。

五、泵的定期试验和切换

为了保证泵组的可靠性，要进行定期试验和切换。

定期试验就是定期人为地触发这些保护，以验证这些保护的定值和结果的准确性。内容包括各种保护试验（如润滑油压力低保护、水压低保护、密封水压力低保护等），其动作是声光报警、切换备用系统和跳闸；以及故障联动试验，其动作是运行泵故障跳闸时自动启动备用泵。

定期切换是指对运行泵和备用泵之间定期进行轮换，目的是消除水泵及其附件在长期备用条件下的某种隐患。具体操作可参见上述的正常启停过程，顺序是先启动备用泵，再停止相应的运行泵，然后再操作阀门进行切换。在切换过程中，阀门的操作要缓慢，不能使母管压力的波动过大，否则应停止切换并恢复原状态。

【配套实训项目建议】

可使用 660 MW 超超临界机组、330 MW 亚临界机组、300 MW 亚临界循环流化床机组、垃圾发电机组仿真系统平台，按照操作规程完成以下实训项目加以强化巩固本节内容。

（1）凝结水泵的启动。

（2）循环水泵的启动。

（3）水环真空泵的启动。

（4）电动给水泵的启动。

【拓展知识】

泵的节能启动

启动方式有：直接启动、星-三角启动、电抗启动、软启动、降压启动、变频启动、双速电动机变极调速启动。

（1）直接启动时，启动电流等于 4~7 倍额定电流，这样会对机电设备和供电电网造成严重的冲击，而且还会对电网容量要求过高；启动时产生的大电流对电动机的绝缘产生冲击，缩短寿命；泵启动时产生的振动和压力突增对管路和阀门的损害极大，对设备、管路的使用寿命极为不利。直接启动的适应范围：适合小功率的电动机，一般只在 15 kW 以下的泵上使用，在不经常启停的系统上采用，设备简单，价格便宜。

（2）降压启动是星-三角（Y-△）转换启动，即启动是分两次加速才达到额定转速的，一般在 18.5 kW 以上的泵上使用，价格适中。

（3）软启动是逐渐增加到额定转速的，对泵的冲击很小；设备价格比较高，一般是降压启动的 3 倍。软启动器只有一个功能——平滑地降低启动电流。

（4）最高级的是变频启动，它除了有软启动的优点外，还可以设定在任意转速工作，对节能降耗有显著效果。采用变频器启动有两个功能：第一，能使启动电流从零开始，降低启动电流，且启动平滑，减轻了对供电电网的冲击和对供电容量的要求；第二，能根据所需流量、压力调节频率，从而达到节能的目的，减少了启动时的压力冲击和振动，延长了设备和阀门的使用寿命。采用软启动和采用变频器启动两者都可以降低电动机启动时对电网的冲击，两者不需要同时用。变频器是通过可控硅来实现的，先整流之后，通过控制电路控制可控硅的导通与关闭，从而改变频率。

【综合练习】

3-4-1　选择题

（1）离心式泵与风机在定转速下运行时，为了避免启动电流过大，通常在（　　　）。

A. 阀门稍稍开启的情况下启动　　　　　　B. 阀门半开的情况下启动

C. 阀门全关的情况下启动　　　　　　　　D. 阀门全开的情况下启动

（2）锅炉给水泵把除氧器内的水送到锅炉汽包内，当汽包内液面压力升高时，炉给水泵工作点流量 q_V 和扬程 H 的变化是（　　　）。

A. q_V 加大，H 升高　　　　　　　　　B. q_V 减小，H 降低

C. q_V 加大，H 降低　　　　　　　　　D. q_V 减小，H 升高

（3）锅炉运行过程中，机组负荷变化，应调节（　　　）流量。

A. 给水泵　　　　　B. 凝结水泵　　　　C. 循环水泵　　　　D. 开式水泵

（4）机组启动过程中，应先恢复（　　　）运行。

A. 给水泵　　　　　B. 凝结水系统　　　C. 闭式冷却水系统　　D. 烟风系统

（5）给水泵流量极低保护作用是（　　　）。

A. 防止给水中断　　　　　　　　　　　　B. 防止泵过热损坏

C. 防止泵过负荷　　　　　　　　　　　　D. 防止泵超压

3-4-2　思考题

（1）如何进行暖泵？

（2）哪些情况下泵需要紧急停机？

（3）泵正常运行时需要监视哪些参数？

（4）电动给水泵的启动条件是什么？

（5）单元机组运行中，如何防止给水泵汽化？

任务五　风机的启停及运行

【任务导入】

　　风机的工作条件及输送介质和泵有所不同，在启停和运行操作有一定的差别，但总的原则基本上是一致的。风机的启停操作需注意的问题一般有：

　　（1）确认轴承冷却水、润滑油系统是否工作正常，联轴器及防护装置、地脚螺钉等部件完备无松动，盘动转子应无摩擦和异响。调节装置能正常工作且位置正确。

　　（2）每次大、小修或新安装后，风机要进行试运转，启动风机后应先检查叶轮的转向是否正确、有无摩擦或碰撞，振动是否在允许范围内。无异常现象，连续试运行 2~3 h，检查轴承发热程度，当一切正常后，便可正式投入运行。

　　（3）确认风机吸入侧和压出侧挡板（或导流器）及动叶的位置符合启动要求。防止电动机因启动负荷过大而被烧毁，离心式风机启动时，应关闭入口挡板与导流器，轴流式风机启动时同样也需将挡板关闭，动叶处于最小角度，启动后应先开挡板再开动叶。停止风机时，应先关闭导流器或动叶，再关闭挡板。

　　（4）对于输送高温介质的风机，电动机是按输送介质的温度所需功率来选配的，这类风机在常温下启动时，吸入气体的温度很难达到这个温度，而气体温度越低，密度越大。为了避免电动机过载，一方面风机启动后加负荷时其挡板或动叶开度不可过大，随时监测电动机是否过载；另一方面要采取加热气体的措施。

　　（5）对于轴流式风机，出于预防喘振（抢风）的要求，一台风机运行，启动第二台风机进行并联时，一定要将运行风机的工况点（风压）向下调至风机喘振线最低点以下，第二台风机启动后，开启挡板和动叶使两台风机风压相同，之后才可并联工作。从并联运行的两台风机中停运一台风机时，需将两台风机的工况点同时调低到喘振线的最低点以下，才能关闭准备停运风机的叶片和挡板（当叶片全部关闭，流量为零时，挡板才可以全部关闭），然后开大要继续运行的风机叶片，直至所需的工况点。

一、风机的启动

（一）启动前的检查

　　（1）确认引风机检修工作完毕，工作票已收回，安全措施已恢复。设备完整良好、现场整洁，具备投运条件。

　　（2）投入有关仪表和报警及保护装置，就地事故按钮完整良好。

　　（3）引风机静叶及挡板传动正常，联锁保护试验正常。

　　（4）确认电动机润滑油油质合格，油箱油位在 1/2~2/3 之间，油温在 25~45 ℃之间。

　　（5）引风机阀门状态已按《引风机投运阀门检查卡》确认无误。

（6）确认轴冷风机完整良好，已送电。

（7）确认脱硫旁路挡板开启。

（二）启动

（1）启动引风机电动机轴承润滑油泵，检查滤网后润滑油压大于 0.2 MPa，轴承回油正常，油位正常，投入备用油泵联锁。

（2）启动一台轴冷风机，正常后投入备用轴冷风机联锁。

（3）确认两台空预器已经运行。

（4）开启对侧引风机出、入口挡板、静叶调节挡板，开启两台送风机出口挡板和动叶调节挡板，开启锅炉本体二次风辅助挡板、二次风联络挡板和烟气挡板，建立空气通道。

（5）关闭该引风机入口挡板和静叶调节挡板，开启引风机出口挡板，确认引风机启动条件满足。

（6）启动引风机，引风机启动后电流返回正常，入口挡板自动开启。

（7）检查引风机振动、轴承温度、电动机线圈温度正常。

（8）缓慢开启引风机静叶调节挡板，注意监视并调整炉膛负压在 -150 Pa 左右。

（9）送风机启动一台后以同样的方法启动第二台引风机运行。

1）监视炉膛负压，逐渐开启第二台引风机静叶调节挡板，检查第一台引风机静叶调节挡板自动关小。当两台引风机出力相同时，投入第二台引风机静叶调节挡板自动。

2）检查两台引风机电流、出口风压在引风机静叶调节挡板开度一致的情况下应相同，否则应适当调整偏置，以保证两台风机出力基本平衡。

二、风机的运行维护

（1）检查电动机润滑油油质良好无乳化变质，油箱油位不低于油位计 1/2，否则及时补油。

（2）检查电动机润滑油站油压大于 0.2 MPa，油温 35 ~ 50 ℃。滤网压差小于 0.1 MPa，大于 0.1 MPa 时报警及时切换并清洗滤网。

（3）运行中风机轴承温度不大于 80 ℃，电动机轴承温度小于 70 ℃。

（4）引风机正常运行工况点应确保在失速最低线以下，就地静叶开度在 -75° ~ +30°（对应开度反馈指示 0~100%）范围，远方和就地开度指示一致，引风机电动机不过载。

（5）轴冷风机运行正常，入口滤网无堵塞。

（6）运行中引风机调整时尽量缓慢均匀，保证两台风机电流相同。

（7）引风机电动机外壳温度不大于 70 ℃，温升不大于 65 ℃。

（8）电动机轴承无漏油现象，风机内部无异音。

三、风机的停运

（一）正常停运

（1）待停引风机侧送风机在停止状态。

（2）将引风机入口静叶由"自动"切"手动"调整。

（3）逐渐将待停风机的入口静叶开度关至零位（−75°），注意炉膛风量及炉膛压力的变化。

（4）在操作画面停止引风机。

（5）检查引风机入口挡板联锁关闭。

（6）引风机出口挡板关闭，就地检查确认风机停转。

（7）轴承温度低于 40 ℃可停止轴冷风机和油站，若停用时间小于 10 h 可不停。

（二）紧急停运

出现以下工况之一，必须紧急停运风机：

（1）风机发生强烈噪声、剧烈的振动或有碰撞声。

（2）轴承温度急剧上升超过规定值或轴承冒烟。

（3）轴承油位不正常或冷却水中断；轴承渗水或严重漏油。

（4）电动机电流持续上升，处理无效或电动机冒烟。

（三）检修隔绝措施

（1）确认引风机已停止、停电，并在 6 kV 开关上挂"禁止合闸，有人工作"警示牌。

（2）确认引风机出、入口挡板及入口静叶关闭后停电，挂"禁止合闸，有人工作"牌。

（3）停止润滑油泵并停电挂"禁止合闸，有人工作"牌。

（4）轴冷风机停运后停电挂"禁止合闸，有人工作"牌。

（5）润滑油站电加热器停电挂"禁止合闸，有人工作"牌。

（6）关闭冷油器出、入口冷却水阀门，挂"禁止操作，有人工作"牌。

四、工作过程

不同类型以及不同用途的风机在启动和运行方面的具体要求有所差别，下面以发电厂中 600 MW 机组的电动引风机为例。

（一）引风机启动前检查

（1）确认引风机检修工作完毕，工作票已收回，安措已恢复。设备完整良好、现场整洁，具备投运条件。

（2）投入有关仪表和报警及保护装置，就地事故按钮完整良好。

（3）引风机静叶及挡板传动正常，联锁保护试验正常。

（4）确认电动机润滑油油质合格，油箱油位在 1/2 ~ 2/3 之间，油温在 25 ~ 45 ℃之间。

（5）引风机阀门状态已按《引风机投运阀门检查卡》确认无误。

（6）确认轴冷风机完整良好，已送电。

（7）确认脱硫旁路挡板开启。

（二）引风机的启动

（1）启动引风机电动机轴承润滑油泵，检查滤网后润滑油压大于 0.2 MPa，轴承回油正常，油位正常，投入备用油泵联锁。

（2）启动一台轴冷风机，正常后投入备用轴冷风机联锁。

（3）确认两台空预器已经运行。

（4）开启对侧引风机出、入口挡板、静叶调节挡板，开启两台送风机出口挡板和动叶调节挡板，开启锅炉本体二次风辅助挡板、二次风联络挡板和烟气挡板，建立空气通道。

（5）关闭该引风机入口挡板和静叶调节挡板，开启引风机出口挡板，确认引风机启动条件满足。

（6）启动引风机，引风机启动后电流返回正常，入口挡板自动开启。

（7）检查引风机振动、轴承温度、电动机线圈温度正常。

（8）缓慢开启引风机静叶调节挡板，注意监视并调整炉膛负压在-150 Pa 左右。

（9）送风机启动一台后以同样的方法启动第二台引风机运行。

1）监视炉膛负压，逐渐开启第二台引风机静叶调节挡板，检查第一台引风机静叶调节挡板自动关小。当两台引风机出力相同时，投入第二台引风机静叶调节挡板自动。

2）检查两台引风机电流、出口风压在引风机静叶调节挡板开度一致的情况下应相同，否则应适当调整偏置，以保证两台风机出力基本平衡。

（三）引风机的运行维护

（1）检查电动机润滑油油质良好无乳化变质，油箱油位不低于油位计 1/2，否则及时补油。

（2）检查电动机润滑油站油压大于 0.2 MPa，油温 35～50 ℃。滤网压差小于 0.1 MPa，大于 0.1 MPa 时报警及时切换并清洗滤网。

（3）运行中风机轴承温度不大于 80 ℃，电动机轴承温度小于 70 ℃。

（4）引风机正常运行工况点应确保在失速最低线以下，就地静叶开度在-75°～+30°（对应开度反馈指示 0～100%）范围，远方和就地开度指示一致，引风机电动机不过载。

（5）轴冷风机运行正常，入口滤网无堵塞。

（6）运行中引风机调整时尽量缓慢均匀，保证两台风机电流相同。

（7）引风机电动机外壳温度不大于 70 ℃，温升不大于 65 ℃。

（8）电动机轴承无漏油现象，风机内部无异音。

（四）引风机的停止

（1）待停引风机侧送风机在停止状态。

（2）将引风机入口静叶由"自动"切"手动"调整。

（3）逐渐将待停风机的入口静叶开度关至零位（-75°），注意炉膛风量及炉膛压力的变化。

（4）在操作画面停止引风机。

（5）检查引风机入口挡板联锁关闭。

（6）引风机出口挡板关闭，就地检查确认风机停转。

（7）轴承温度低于 40 ℃可停止轴冷风机和油站，若停用时间小于 10 h 可不停。

（五）引风机的检修隔绝措施

（1）确认引风机已停止、停电，并在 6 kV 开关上挂"禁止合闸，有人工作"警示牌。

（2）确认引风机出、入口挡板及入口静叶关闭后停电，挂"禁止合闸，有人工作"牌。

（3）停止润滑油泵并停电挂"禁止合闸，有人工作"牌。

（4）轴冷风机停运后停电挂"禁止合闸，有人工作"牌。

（5）润滑油站电加热器停电挂"禁止合闸，有人工作"牌。

（6）关闭冷油器出、入口冷却水门，挂"禁止操作，有人工作"牌。

（六）引风机系统联锁保护

（1）允许启动条件：

1）引风机轴承温度不大于 70 ℃。

2）引风机电动机轴承温度不大于 75 ℃。

3）引风机定子绕组温度不大于 110 ℃。

4）至少有一台润滑油泵运行。

5）润滑油压正常。

6）润滑油供油流量不低。

7）至少有一台冷却风机运行。

8）引风机出口挡板开。

9）引风机进口挡板关。

10）引风机静叶关至最小位置。

11）无引风机喘振信号。

12）无引风机就地按钮停信号。

13）引风机在远方控制位。

14）无引风机电气异常。

15）无引风机保护动作。

16）引风机电动机润滑油供油温高大于 30 ℃。

17）任一空气通道建立（送风机出口门开且动叶大于 5%）。

18）本侧空预器运行。

19）FGD 出口、入口挡板均开。

（2）跳闸条件：

1）引风机运行，入口门关，延时 60 s。

2）引风机运行，出口门关，延时 60 s。

3）同侧空预器停。

4）风机轴承温度不低于 100 ℃。

5）电动机轴承温度不低于 80 ℃。

6）MFT 后炉膛压力低-2290 Pa。

7）两台润滑油泵全停或引风机电机润滑油供油压力低低延时 3 s。

8）风机运行 15 s 后，入口门未开。

9）引风机振动达 7.1 mm/s。

（3）引风机润滑油泵联锁保护。

1）润滑油泵联锁投入，运行泵停止，备用泵自启。

2）允许启：油箱油位及油温均不低。

3）润滑油压小于 0.15 MPa 联启备用泵。

4）加热器：油位正常允许启动。油箱油温小于 25 ℃ 自启，大于 40 ℃ 自停。

（4）引风机轴冷风机联锁保护。

1）轴冷风机联锁投入，运行风机停止，备用风机自启。

2）引风机轴承温度高于 90 ℃，联启备用轴冷风机。

【配套实训项目建议】

可使用 660 MW 超超临界机组、330 MW 亚临界机组、300 MW 亚临界循环流化床机组、垃圾发电机组仿真系统平台，按照操作规程完成以下实训项目加以强化巩固本节内容。

（1）启动送风机。

（2）启动一次风机。

（3）启动二次风机。

（4）启动密封风机。

（5）启动高压流化风机。

【综合练习】

3-5-1 选择题

（1）送风机启动前检查确认送风机出口挡板及动叶在（   ）位置，送风机出口联络挡板（   ）。

A. 关闭、开启   B. 关闭、开启   C. 开启、开启

（2）机组正常启动过程中，最先启动的设备是（   ）。

A. 引风机   B. 送风机   C. 回转式空气预热器   D. 一次风机

（3）锅炉使用的风机有（   ）。

A. 送、引风机、一次风机、排粉机、密封风机

B. 点火增压风机

C. 吸、送风机

D. 轴流风机、离心风机

（4）锅炉正常运行时，运行人员可根据（   ）指示来调节送风量。

A. 送风机动叶开度 B. 风量表   C. 氧量表   D. 风压表

（5）厂用电中断时（   ）不跳闸。这样，在厂用电恢复时能迅速自行启动，缩短故障处理时间。

A. 引风机   B. 送风机   C. 排粉机   D. 一次风机

3-5-2　思考题

（1）风机启动前需要做哪些准备？

（2）引风机的启动条件是什么？

（3）哪些情况下风机需要紧急停运？

任务六　泵常见故障及处理

【任务导入】

水泵在运行中发生故障的原因很多，部位也较广，可能发生在管路系统，也可能发生在水泵本身，还可能发生在电动机上。制造和检修的工艺质量、运行操作维护方法是否恰当，是决定故障能否发生的关键。

泵在运行中出现的故障，主要包括性能故障、机械和电气故障两大类。造成电气故障和热工故障的因素较多，其事发比较突然，特别是给水泵，由于保护装置较多，问题更复杂，因此运行人员必须了解相关的厂用电气接线方式、电动机及其断路器和保护装置、泵的有关联锁和保护装置，作为正确判断故障的依据。对于泵的各种保护装置所发报警信号，一定要对照现场设备的就地仪表和设备实际运行状况进行正确判断，识别电气、热工保护装置的误发误报警，联锁装置的误动、拒动，正确处理并避免扩大事故。

一、泵的振动分析

异常振动现象是水泵运行中的典型故障，严重时将危及水泵的安全运行，甚至会影响整个机组的正常运行。水泵在运行中的振动原因很复杂，有时会是多种因素共同造成的。特别在当前，机组容量日趋大型化，水泵的振动问题尤为突出。

（一）水流动引起的振动

在管路系统中，水泵本身的性能、管路系统的设计原因及运行工况的变化，均会引起水流动不正常而导致水泵的振动。

1. 水力冲击

由于给水泵叶片的涡流脱离的尾迹要持续一段很长的距离，在动静部分产生干涉现象。当给水由叶轮叶片外端经过导叶和蜗壳舌部时，就会产生水力冲击，形成有一定频率的周期性压力脉动。它传给泵体、管路和基础，引起振动和噪声。若各级动叶和导叶组装位置均在同一方位，则各级叶轮叶片通过导叶头部时的水力冲击将叠加起来，引起振动。如果这个振动频率与泵本身或管路的固有频率接近，将产生共振。

2. 反向流

当泵的流量减小达到某一临界值时，其叶轮入口处将出现反向流，形成局部涡流区和负压，并随叶轮一起旋转。在进口直径较大的叶轮中，小流量的反向流工况下运行时会发生低频的压力脉动，即压力忽高忽低，流量时大时小，使泵运行不稳定，导致压力管道的振动。严重时甚至损坏设备和管路系统。

3. 汽蚀

当泵叶轮入口液体的压强低于相应液温的汽化压强时，泵会发生汽蚀。一旦汽蚀发生，泵就会产生剧烈的振动，并伴有噪声。

4. 旋转失速

当泵在非设计工况下运行时，由于入流（冲）角超过临界值，叶片后部流体依次出现边界层分离，产生失速现象，导致相应叶片前后流体压力变化而引起的振动。

5. 不稳定运行工况

由于泵的流量发生突跃改变或周期性反复波动而造成的水击现象和喘振，导致泵及系统出现强烈的振动。

（二）机械原因引起的振动

1. 转子质量不平衡引起的振动

在现场发生的泵的振动原因中，属于转子质量不平衡的振动占多数，其特征是振幅不随机组负荷大小及吸水压头的高低而变化，而是与该泵转速高低有关。造成转子质量不平衡的原因很多，例如运行中叶轮叶片的局部腐蚀或磨损，叶片表面有不均匀积灰或附着物（如铁锈），轴与密封圈发生强烈的摩擦，产生局部高温使轴弯曲致使重心偏移，检修后未找转子动、静平衡等，均会产生剧烈振动。为保证转子质量平衡，对高转速泵必须分别进行静、动平衡试验。

2. 转子中心不正引起的振动

如果泵与原动机联轴器不同心，接合面不平行度达不到安装要求，就会使联轴器间隙随轴旋转而忽大忽小，因而发生和质量不平衡一样的周期性强迫振动。造成转子中心不正的主要原因是：泵安装或检修后找中心不正；暖泵不充分造成温差使泵体变形，从而使中心不正；设计或布置管路不合理，其管路本身重量使轴心、错位；轴承架刚性不好或轴承磨损等。

3. 转子的临界转速引起的振动

当转子的转速逐渐增加并接近泵转子的固有频率时，泵就会猛烈地振动起来，转速低于或高于这一转速时，就能平稳地工作。通常把泵发生振动时的转速称为临界转速。泵的工作转速不能与临界转速相重合、相接近或成倍数，否则将发生共振现象而使泵遭到破坏。

泵的工作转速低于第一临界转速的轴称为刚性轴，高于第一临界转速的轴称为柔性轴。泵的轴多采用刚性轴，以扩大调速范围。随着泵的尺寸的增加或为多级泵时，泵的工作转速则经常高于第一临界转速，一般采用柔性轴。

4. 油膜振荡引起的振动

滑动轴承里的润滑油膜在一定的条件下也能迫使转轴作自激振动，称为油膜振荡。柔性转子在运行时有可能产生油膜振荡。消除方法：使泵轴的临界转速大于工作转速的一半，现场中常常是改轴瓦，如选择适当的轴承长径比，合理的油楔和油膜刚度，以及降低润滑油厚度等。

5. 平衡盘设计不良引起的振动

多级离心泵的平衡盘设计不良亦会引起泵组的振动。例如平衡盘本身的稳定性差，当工况变动后，平衡盘失去稳定，将产生较大的左右窜动，造成泵轴有规则的振动，同时动盘与静盘产生碰磨。

6. 联轴器螺栓节距精度不高或螺栓松动引起的振动

在这种情况下，只由部分螺栓承担传递的扭矩。这样就使本来不该产生的不平衡力加在泵轴上，引起振动。其振幅随负荷的增加而变大。

7. 动、静部件之间的摩擦引起的振动

若由热应力而造成泵体变形过大或泵轴弯曲，以及其他原因使转动部分与静止部分接触发生摩擦，则摩擦力作用方向与旋转方向相反，对转轴有阻碍作用，有时使轴剧烈偏转而产生振动。这种振动是自激振动，与转速无关，其频率等于转子的临界速度。

8. 基础不良或地脚螺钉松动引起的振动

基础下沉、基础或机座的刚度不够或安装不牢固等均会引起振动。例如，泵基础混凝土底座打得不够坚实，泵地脚螺钉安装不牢固，则其基础的固有频率与某些不平衡激振力频率相重合时，就有可能产生共振。遇到这种情况就应当加固基础，紧固地脚螺钉。

9. 原动机不平衡引起的振动

驱动泵的原动机由于本身的特点，也会产生振动。如泵由小汽轮机驱动，其作为流体动力和机械本身亦有各种振动问题，形成轴系振动。此外，原动机为电动机时，电动机也会因磁场不平衡、电源电压不稳、转子和定子的偏心等引起振动。

滚动固定圈松动，管道支架不牢固，机壳刚度不够而产生晃动，轴流式动叶片位置不对等，均会引起泵运行时振动。泵运行中出现振动现象，应及时查明原因，采取相应措施加以消除。

二、泵常见故障及消除

泵常见故障及消除方法见表3-3。

表 3-3　泵常见故障及消除方法

故障现象	可能原因	消除方法
启动后水泵不输水	（1）吸水管路不严密，有空气漏入； （2）泵内未灌满水，有空气存在； （3）水封水管堵塞，有空气漏入； （4）安装高度太高； （5）电动机转速不够； （6）电动机旋转方向相反； （7）叶轮及出水口堵塞	（1）检查吸水管； （2）重新灌水，开启放气阀门； （3）检查和清洗水封水管； （4）提高吸水池水位或降低水泵和水井面间的距离； （5）检查电源电压是否降低； （6）改换接线； （7）检查和清洗叶轮及出水管
运行中电量减小	（1）转速降低； （2）安装高度增加； （3）空气漏入吸水管或经填料箱进入泵内； （4）吸水管路和压水管路阻力增加； （5）叶轮堵塞； （6）叶轮的损坏和密封环的磨损； （7）进口滤网堵塞； （8）吸水管插入吸水池深度不够，带空气入泵	（1）检查原动机及电源； （2）检查吸水管路、吸水面； （3）检查管路及填料箱的严密性，压紧或更换填料； （4）检查阀门及管路中可能堵塞之处或管路过小； （5）检查和清洗叶轮； （6）视损坏程度修复或更换叶轮，调整密封环间隙或更换密封环； （7）清扫过滤网； （8）降低吸水管端的位置

续表 3-3

故障现象	可能原因	消除方法
运行中压头降低	（1）转速降低； （2）水中含有空气； （3）压水管损坏； （4）叶轮损坏和密封磨损	（1）检查原动机及电源； （2）检查吸水管路和填料箱的严密性，压紧和更换填料； （3）关小压力管阀门，并检查压水管路； （4）拆开修理，必要时更换
原动机过热	（1）转速高于额定转速； （2）水泵流量大于许可流量； （3）原动机或水泵发生机械磨损； （4）水泵装配不良，转动部件与静止部件发生摩擦或卡住； （5）三相电动机有一相熔丝烧断或电动机三相电流不平衡	（1）检查电动机及电源； （2）关小压水管阀门； （3）检查原动机及水泵； （4）停泵检查，找出摩擦和卡住的部位，然后加以修理或调换； （5）更换熔丝或检修电动机
水泵机组发生振动和噪声	（1）装置不当（水泵与电动机转子中心不对或联轴器结合不良，水泵转子不平衡）； （2）叶轮局部堵塞； （3）个别零件机械损坏（泵轴弯曲、转动部件卡住、轴承磨损）； （4）吸水管路和压水管路的固定装置松动； （5）安装高度太高，发生汽蚀； （6）地脚螺栓松动或基础不牢固	（1）检查机组联轴器和中心及叶轮； （2）检查和清洗叶轮； （3）更换零件； （4）拧紧固定装置； （5）停用水泵，采取措施以减小安装高度； （6）拧紧地脚螺栓，如果基础不牢固，可加固或修理
轴承发热	（1）轴瓦接触不良或间隙不适当； （2）轴承磨损或松动； （3）油环转动不灵活，油量太少或供油中断； （4）油质不良或油内混有杂物； （5）转子中心不正，轴弯曲； （6）轴承尺寸不够	（1）进行检修校核； （2）仔细检查，进行检修和调整； （3）检查或更换油环，使润滑系统畅通； （4）更换油或将油过滤处理，清理轴承和油室； （5）进行校正或更换油； （6）改装轴承
填料发热	（1）填料压得太紧或四周紧度不均； （2）轴和填料环及压盖的径向间隙太小； （3）密封水断绝或不足	（1）放松填料压盖，调整好四周间隙； （2）整好径向间隙； （3）检查密封水是否堵塞，密封环与水管是否对准
管路发生水击	水泵或管路中存有空气	放出空气，消除积聚空气的因素

三、电厂中泵的常见故障及处理

各种故障产生的原因很多，因此运行人员必须学会对这两类中的各种故障现象进行综合分析、判断和处理。

（一）电动给水泵汽化

1. 现象

（1）电动给水泵出口压力及电流摆动且有下降趋势。

（2）泵内有冲击噪声，振动增大。

（3）电动给水泵流量、入口压力及平衡盘压力剧烈摆动。

2. 原因

（1）机组甩负荷引起除氧器压力突然降低或给水流量突然减少。

（2）电动给水泵出力过小而再循环电动阀门未开。

（3）前置泵、电动给水泵入口滤网堵塞。

（4）除氧器水位过低。

（5）除氧器水箱补水过快导致除氧器压力突降。

（6）前置泵入口阀门误关。

3. 处理

（1）发生汽化应紧急停止电动给水泵，启动备用电动给水泵运行。查明原因设法消除。

（2）调整除氧器压力及水位在规定范围内。

（3）清理前置泵进口滤网。

（4）电动给水泵汽化停运后，如惰走时间正常，原因查清消除后可再次启动或投入备用。

（二）凝结水压力低或摆动

1. 原因

（1）再循环调整阀门失灵。

（2）凝结水泵工作失常或凝结水泵入口滤网堵塞。

（3）热井水位低。

（4）凝结水泵入口空气阀门误关或漏空气。

（5）系统泄漏。

（6）凝结水溢流调整阀门误开。

（7）除氧器水位调整阀门开度过大。

2. 处理

（1）立即退出"自动"，手动调至正常，并联系热工处理。

（2）切换为备用泵运行，停运故障泵，进行维修或清洗滤网。

（3）开启排汽装置补水旁路电动阀门，补水至正常，并查找热井水位降低的原因。

（4）检查开启空气阀门或高压密封冷却水阀门，使其恢复正常。

（5）及时确认泄漏点，设法消除。

（6）手动关闭凝结水溢流调整阀门，并联系热工处理。

（7）如为调整阀门调整不正常，将调整阀门切为"手动"调整，并联系热工处理。如因除氧器水位过低引起，可视情况关小排污或启动备用凝结水泵维持除氧器水位，同时注意热井水位保持正常。

（三）交流密封油泵故障

1. 现象

（1）密封油泵故障声光报警发出。

（2）密封油压下降或波动。

（3）运行密封油泵跳闸，备用密封油泵联锁启动。

（4）直流密封油泵联锁启动。

2. 原因

（1）电气故障。

（2）发电机密封油真空油箱液位过低保护跳闸。

（3）密封油泵机械故障。

3. 处理

（1）如果运行中的密封油泵故障停止，应立即确认备用密封油泵自启动，若自启动失败，应手动启动，否则应申请故障停机。

（2）如果备用密封油泵启动后又跳闸，或无法启动，则直流密封油泵应自启动，否则手动启动，并充分做好发电机解列和排氢的准备。

（3）若直流密封油泵也无法运行，导致密封油完全中断应立即停机，紧急排氢。

（4）如果真空油箱液位偏低按油位低进行处理。

（四）炉水循环泵启动不打水或运行汽化

1. 现象

（1）炉水循环泵差压低。

（2）炉水循环泵电流小。

（3）炉水循环泵内有异音，并有异常振动。

2. 原因

（1）炉水循环泵内有空气。

（2）汽包压力下降快。

（3）汽包水位过低。

3. 处理

（1）如炉水循环泵内有空气，应开启事故注水，排尽泵内空气。

（2）如汽包水位低，应加大给水流量维持汽包水位正常。

（3）如振动达停运值时，立即停炉水循环泵。

4. 预防措施

（1）启动时，排净炉水循环泵内气体。

（2）炉运行中，保持汽包压力不能下降过快。

（3）停炉过程中应及早停止汽机高加，保持省煤器出口水温过冷度 20 ℃以上。

（4）运行中维持汽包水位正常。

（五）循环水泵发生异常振动及噪声

1. 原因

（1）前池水位过低。

（2）发生汽蚀。

（3）轴承损坏或轴弯曲。

（4）电机故障。

（5）联轴器螺栓损坏、松动、运动部件不平衡。

（6）叶轮损坏。

（7）排出管路影响。

2. 处理

（1）清理拦污栅及旋转滤网，稳定泵入口水位。

（2）如振动严重，应紧急停泵，联系检修处理。

（3）排出管路影响，则检查排出管路。

（六）凝结水泵跳闸

1. 现象

（1）DCS 报警。

（2）电流到零。

（3）凝结水流量骤降，出口压力下降，备用泵联启。

2. 处理

（1）确认备用泵自启动，否则手动启动，若备用泵启动不成功，可强行启动一次跳闸泵，强启仍不成功应故障停机处理。

（2）备用泵启动正常后，调整凝汽器、除氧器水位至正常值。

（3）当出现凝结水泵跳闸时，要注意给水泵密封水及其他用户正常。

（七）循环水泵倒转的处理

（1）正常停泵备用时，循泵发生倒转，关严泵出口蝶阀，使泵停止倒转。

（2）正常运行中循环水泵事故跳闸后倒转时，将出口蝶阀关闭严密，同时，启动备用循环水泵，视凝汽器真空和排汽温度情况，降低机组负荷。

（3）循环水泵倒转严重时，禁止启动。

【配套实训项目建议】

可使用 660 MW 超超临界机组、330 MW 亚临界机组、300 MW 亚临界循环流化床机组、垃圾发电机组仿真系统平台，按照操作规程完成以下实训项目加以强化巩固本节内容。

（1）凝结水泵跳闸；

（2）循环水泵跳闸；

（3）给水泵跳闸；

（4）给水泵汽蚀。

【综合练习】

3-6-1　选择题

（1）泵运行中发生汽蚀现象时，振动和噪声（　　　）。

A. 均增大　　　　　　　　　　B. 只有前者增大

C. 只有后者增大　　　　　　　D. 均减小

（2）如发现运行中的水泵振动超过允许值，应（　　　）。

A. 检查振动表是否准确　　　　　　　B. 仔细分析原因

C. 立即停泵检查　　　　　　　　　　D. 继续运行

（3）离心泵运行中如发现表计指示异常，应（　　）。

A. 先分析是不是表计问题，再就地找原因　　B. 立即停泵

C. 如未超限，则不管它

（4）如发现运行中的水泵振动超过允许值，应（　　）。

A. 检查振动表是否准确　　　　　　　B. 仔细分析原因

C. 立即停泵检查　　　　　　　　　　D. 继续运行

（5）泵在运行中，如发现供水压力低、流量下降、管道振动、泵窜动，则为（　　）。

A. 不上水　　　　　　　　　　　　　B. 出水量不足

C. 水泵入口汽化　　　　　　　　　　D. 入口滤网堵塞

3-6-2　思考题

（1）泵在运行中发生振动的原因是什么？

（2）泵在运行中的故障有哪几类？

（3）凝结水泵跳闸后怎么处理？

任务七　风机常见故障及处理

【任务导入】

风机运行的可靠性直接关系到系统、机组的安全经济运行。风机故障或事故停运，引起设备非计划停运或非计划降低出力运行，造成经济损失。

一、风机故障的原因

（一）直接原因

（1）磨损。气流中含有固体颗粒，流过风机时，对叶片、机壳、进风口或集流器、导叶或挡板、轮毂、前后盘的金属产生磨损。磨损会使转子部件的强度减弱，造面叶轮部件失效，严重时整个叶轮损坏。磨损还会引起不平衡振动；对于空心机翼型叶片，磨损会产生微小孔洞，或使叶片表面或焊口开裂，使飞灰进入空心叶片内，造成严重不平衡。

（2）积灰。积灰是引起振动的主要起因，微小的飞灰等固体颗粒会进入空心机翼型叶片内、轴流风机的轮毂内。飞灰还会黏附在叶片表面，造成不平衡，引起振动。积灰也有可能堵塞风机入口或出口管道，特别是风机的进风箱和入口调节阀门，造成管道阻力上升，风机性能下降，严重时不得不限制风机的出力。此外，微小颗粒积聚在调节导叶的轴承内，造成轴承腐蚀或卡涩。

（3）振动。风机的很多问题是由于振动引起的，如裂纹、轴承损坏、进口调节风阀门和导叶损坏、螺栓松动、机壳和风道损坏等。振动的基本原因有：叶轮不均匀磨损和积灰；轮毂在轴上松动；后盘与轮毂连接螺栓或铆钉松动；联轴器损坏或中心不对正；轴承损坏或有缺陷；固定螺栓松动；垫片不正；转子临界转速过于接近风机运行转速；支承部件不牢固，如基础松软，支座、垫板、地脚螺栓以及灌浆构件不牢等；密封件摩擦；叶轮

部分脱落，如叶片、防磨衬件、前盘的碎片；异物落入叶轮内，如挡板、烟风道支撑件、滤网等；部件裂纹等。

（4）风机旋转失速和叶轮进口涡流。风机在运行过程中发生旋转失速或叶轮进口存在涡流造成气压脉动，可能引起烟风道、入口调节挡板及其他部件强烈振动，导致裂纹和断裂。

（5）腐蚀。腐蚀将缩短引风机的寿命。腐蚀主要来源于：排烟温度过低，达到烟气露点以下，产生硫酸腐蚀；清洗空气预热器或烟道时进入引风机的腐蚀性排水；用水冲洗引风机等。

（6）配合公差不对。螺栓或铆钉的孔径过大；推力环松动；滚动轴承内圈与轴颈配合松动，外圈与轴承壳间隙过大或过小，引起轴承发热、振动和损坏。

（7）焊接和材料问题。采用不合格的焊接材料，特别是堆焊耐磨材料不当时，可能使风机叶片、前后盘、挡板或导叶、蜗舌出现裂纹；焊接质量不合格，如未焊透、气孔、火渣超标等；铆钉和螺栓材料不合格或尺寸不精确；选用的钢板材料有火层或火杂异物造成严重腐蚀等。

（8）中心找正问题。由于联轴器中心不正会引起风机、电动机及液力联轴器振动和轴承损坏；机壳与轴中心不对正会引起动静摩擦，主轴与机壳密封件之间、轴流风机叶尖与外壳之间；个别中心不正问题是由于轴承损坏或基础下沉引起的。

（9）调节风阀门的导叶或导板缺乏正常润滑，引起导叶或挡板卡涩。

（10）轴承润滑冷却不良，导致轴承损坏。主要原因有：风机启动前未对润滑设备和油路进行彻底的清洗；接头泄漏使冷却水进入油内；飞灰和尘土从不严密的密封处进入轴承内，油质变脏；轴承液被风机吸走或从壳体裂缝中流失；调节油阀堵塞，造成轴承缺油；甩油环磨损或损坏影响润滑；冷却水堵塞或因冷冻、振动造成水管破裂，引起轴承缺乏冷却水。

（11）主轴临界转速太接近风机运行转速，风机对平衡要求十分严格，运行中易发生振动。

（12）冻结和结冰。北方寒冷地区，送风机和一次风机吸风口可能结冰，堵塞气流进入风机。结冰也可能被吸入风机进口和调节风阀门内。在高寒地区甚至在叶片上也会聚结成冰，导致叶片断裂。

风机停机时由于冷却水中断或轴承下半导水管疏水被阻，也会引起轴承冷却水管或导管冻结。

（二）间接原因

（1）风机设计问题。应力计算不准确或安全系数太小，机壳、前后盘、轮毂、轴承座刚度不够，主轴刚性不够，调节机构设计不完善，轴承设计错误；轴承油封欠佳，材料质量差等。

（2）基础设计的重量和刚性不够，土壤和桩基支撑不够。

（3）进、出口烟、风道设计不当。风机负荷不均匀，入口气流旋转，导致风机性能降低。不均匀气流也会使飞灰向一侧集中，从而造成非正常的集中磨损，大大降低易磨件的使用寿命。烟、风道支撑不够坚固，刚性差，在气流作用下易引起振动和噪声，甚至造成裂纹或破损。

（4）制造工艺差。焊接不透或有缺陷；平衡精度不够或平衡重过大；空心机翼叶片内部加强筋固定不牢；组装不完全或有毛病，内应力过大；推力环松动；铸件有裂纹，甚至成品中也出现裂纹；耐磨衬垫固定不牢；主轴与轴承配合公差超标；加工不正确，造成应力集中；调节机构安装粗糙，调节叶片紧固不好，使调节力太大，各调节叶片动作不一致；基础台板不平等。

（5）选型不当。主要问题有：风机容量过大，造成调节风阀门开度太小，使风机运行效率低。此外，易发生旋转失速或长期运行在气流压力高脉动区，威胁风机运行，难以控制，易发生"抢风"现象。如在高灰分的烟气中选用空心机翼或不耐磨的轴流风机。

（6）安装错误。如螺栓松动；不该有的外加负荷，如风、烟道等外力作用在风机上；现场的焊接不良；垫片调整不当或有毛病；找中心不准；调节机构的导叶或挡板装反；调节叶片内部角度与外部指示及控制室内的显示不一致；轴承清洗不彻底，安装时接触不良或间隙过大或过小；轴承润滑油管线或冷却水管线启动前清理不彻底。

（7）运行不当。风机长期处于高振幅下运行；轴承温度迅速上升未能及时发现；喘振装置失效，轴流风机长期处于旋转失速下运行；离心风机在风门开度30%以下气流高脉动情况下长期运行；高压风机在调节风门关闭条件下长期运行，使风机过热；风机长期运行在烟气温度低于露点之下。

（8）控制和仪表问题。控制装置或执行机构整定不当，致使调节机构不能正常操作；报警传感器不足；传感器位置安装不当，如测振仪的测振头未安装在振幅最大方向，通常水平方向振动最大；警报器或传感器失效；保护系统不完善；轴流风机失速保护装置整定不正确，未在现场实际整定。

（9）除尘器效率低，飞灰负荷过重。除尘器容量不足，维护不当；投油助燃的低负荷下未投除尘器，以及燃煤灰分超过设计值均会造成飞灰负荷过大。此外，烟、风道设计不良，使飞灰集中，助长飞灰负荷过量。

（10）检修工艺差。未能发现已出现的较隐蔽裂纹，已集中严重磨损的部位。

二、风机常见故障及消除

风机设备本体在运行中出现故障有性能方面和机械方面两种情况。表3-4、表3-5所示为故障现象、原因和消除方法。

表 3-4　叶片式风机常见的性能故障及消除方法

故障现象	故 障 原 因	消 除 方 法
风压偏高，风量减少	（1）气体成分变化、气温降低或含尘量增加； （2）风道、风门、滤网脏污或被杂物堵塞； （3）风道或法兰不严密； （4）叶轮入口间隙过大； （5）叶轮损坏	（1）消除气体密度增大的原因； （2）清扫风道、风门，开大风门开度； （3）煤补裂口，更换法兰垫片； （4）加装密封圈，煤补或更换叶轮； （5）修理或更换叶轮
风压偏低，风量增大	（1）气体成分改变、气温升高导致密度减小； （2）进风管破裂或法兰、风门处泄漏	（1）消除气体密度减小的原因； （2）焊补裂口，更换法兰垫片

故障现象	故 障 原 因	消 除 方 法
与气动特曲线相比压力降低	(1) 导流器叶片或入口静叶不匹配； (2) 风机转速降低； (3) 导流器或动叶、静叶调节装置偏差	(1) 调整叶片安装角，紧固叶片； (2) 查找电动机故障； (3) 维修调节叶片调节机构
轴流风机不能调节	(1) 控制油压过低或控制油系统泄漏； (2) 调节连接杆或电动执行器损坏或卡涩； (3) 叶片叶柄轴承卡涩； (4) 指令信号传输、处理故障	(1) 检查油压，消除滤油器阻力大或油系统泄漏故障； (2) 修复调节连接杆或电动执行器； (3) 修理叶片叶柄卡涩摩擦处，修理或更换叶柄轴承； (4) 处理信号传输、处理故障
风机内有金属碰撞或摩擦声音	(1) 转动部件松动； (2) 推力轴承安装不当； (3) 导流器叶片松动或焊接处部分开裂； (4) 导流器装反； (5) 集流器与叶轮碰撞； (6) 滚动轴承损坏； (7) 润滑油不足	(1) 紧固松动的部件； (2) 重新安装推力轴承并检查端面的接触情况； (3) 查找缺陷叶片并进行修复； (4) 重新安装，确保气流旋转方向与叶轮一致； (5) 用进风口法兰位置叶片调整与叶轮轴向间隙，纠正叶轮的飘偏情况； (6) 更换轴承； (7) 按规定添加润滑油

表 3-5   叶片式风机常见的机械故障及消除方法

故障现象	故 障 原 因	消 除 方 法
振动	参见后面振动分析	
轴承过热	(1) 轴与轴承安装位置不正，主轴连接不同心，导致轴瓦磨损； (2) 轴瓦研刮不良； (3) 轴瓦裂纹、破损、剥落、磨纹、脱壳等； (4) 乌金成分不合理，或浇铸质量差； (5) 轴承与轴承箱之间紧力不当，导致轴与轴瓦间隙不当； (6) 滚动轴损坏； (7) 油号不适或变质，油中含水量增大； (8) 油箱油位不正常或油管路阻塞； (9) 冷却器工作不正常或未投入； (10) 风机振动	(1) 重新浇铸或补瓦，装配找正中心； (2) 重新，研刮轴瓦； (3) 重新浇、焊补研刮； (4) 重新配制合金浇铸； (5) 调整轴承与轴承箱孔间的或轴承箱与机座之间的垫片； (6) 修理或更换滚动轴承； (7) 更换润滑油，或消除漏水缺陷，换油； (8) 向油箱加油或疏通油道； (9) 开启冷却器； (10) 查出振动原因，消除振动
电动机电流过大和温升过高	(1) 启动时进气管道挡板或调节门未关； (2) 烟风系统漏风严重，流量超过规定值； (3) 输送的气体密度过大，全压增大； (4) 电动机本身的原因； (5) 电机输入电压过低或电源单向断电； (6) 联轴器连接不正或间不均匀； (7) 轴承座剧烈振动	(1) 启动时关闭挡板或调节门； (2) 加强堵漏，关小挡板开度； (3) 查明原因，提高气退或减小流量； (4) 查明原因； (5) 检电是否正常； (6) 重新找正； (7) 消除振动

故障现象	故　障　原　因	消　除　方　法
风机出力不能调节	（1）控制油压太低（滤油器堵塞）； （2）液压缸漏油； （3）调节杆连接损坏； （4）电动执行机构损坏； （5）叶片调节卡住	（1）疏通油器； （2）检修旋转密封； （3）及时检修或更换连接杆； （4）更换电动执行器； （5）查明原因，清除卡涩物

三、电厂中风机的常见故障及处理

（一）送风机喘振

1. 现象

（1）送风机喘振报警信号发出。

（2）风机出口流量、二次风量、二次风压、炉膛压力大幅摆动。

（3）送风机电流大幅摆动。

（4）喘振严重时，送风机机壳和风道发生振动，并发出明显的异音。

2. 原因

（1）空预器、暖风器严重积灰，造成风机出口流量与动叶开度不相适应，使风机进入喘振区。

（2）二次风系统挡板误关、动叶调节失灵等原因使风机进入喘振区。

（3）调节动叶时幅度过大或并风机时操作不当，使风机进入喘振区。

（4）送风机出口联络挡板开，两台送风机负荷不平衡。

（5）送风机进风口堵塞。

3. 处理

（1）立即将送风机动叶控制由自动切为手动，关闭送风机出口联络挡板，关小动叶开度，调节两台风机出力，使两台风机负荷平衡，维持二次风压正常，同时调整引风机静叶，使炉膛压力在正常范围内，并调整锅炉燃烧稳定。

（2）若由于二次风系统挡板误关，应立即打开，同时调节动叶开度。

（3）若由于空预器、暖风器严重积灰引起风机失速，应立即进行空预器的吹灰。

（4）若经处理后失速现象消失，则维持工况运行；若经处理后无效或严重威胁设备安全时，应立即停运该风机。

（5）由于送风机进风口堵塞，应立即切换送风机入口风门。

（二）引风机轴承振动大

1. 原因

（1）底脚螺丝松动或混凝土基础损坏。

（2）轴承损坏、轴弯曲、转轴磨损。

（3）联轴器松动或中心偏差大。

（4）叶片磨损或积灰。

（5）叶片与外壳碰摩。

（6）风道损坏。

2. 处理

（1）根据风机振动情况，加强对风机振动、轴承温度、风压、风量、电动机电流等参数的监视。

（2）适当降低风机负荷，尽快查出原因，联系检修处理。

（3）轴承振动不小于 7.1 mm/s 时，风机应自动跳闸，否则手动停运。

（三）引风机失速

1. 现象

（1）DCS 发"引风机失速"报警。

（2）炉膛正压，风量波动。

（3）失速风机电流大幅度下降，就地检查声音异常。

（4）风机轴承振动大。

2. 原因

（1）受热面、空预器严重积灰或烟气挡板误关，引起系统阻力增大，造成静叶开度与烟气量不适应，使风机进入失速区。

（2）静叶调节时，幅度过大，使风机进入失速区。

（3）脱硫系统挡板误关或增压风机运行异常。

3. 处理

（1）立即将引风机静叶控制置于手动，迅速关小失速风机静叶，适当关小未失速风机静叶，同时调节送风机的动叶，维持炉膛压力在允许范围内。

（2）如引风机并列时失速，应停止并列操作。

（3）如风烟系统的风门挡板误关引起，应立即打开，同时调整静叶开度。如风门、挡板故障引起，应立即降低锅炉负荷，联系检修人员处理。

（4）通知脱硫运行人员检查脱硫系统，发现异常及时处理。

（5）经上述处理，失速现象消失，则稳定运行工况，进一步查找原因并采取相应的措施后方可逐步增加风机的负荷。

（6）经上述处理无效或已严重威胁设备的安全时，立即停止该风机运行。

（四）一次风机喘振

1. 现象

（1）一次风母管风量、风压波动大。

（2）一次风机出口风压、电流波动大。

（3）炉膛负压波动大。

（4）锅炉燃烧不稳定，炉膛火焰电视忽明忽暗。

（5）风机运行声音异常，振动大。

2. 原因

（1）一次风机运行在不稳定工作区域。

（2）一次风机入口风道有异物堵塞。

（3）运行磨煤机数量少而导致一次风机出口压力太大。

（4）两台并列运行风机出力不一致，发生"抢风"现象，使出力低的风机发生喘振。

（5）一次风系统挡板误关，引起系统阻力增大，造成动叶开度与风量不相适应，使风机进入失速区。

（6）一次风机失速时间太长，引起一次风机喘振。

3. 处理

（1）立即解除风机动叶自动，关小失速风机的动叶，适当关小另一台未失速风机的动叶，使两台风机动叶开度、电流相接近，至喘振现象消失。

（2）一次风系统挡板被误关阻力增大导致风机喘振，应立即打开，同时调整风机动叶开度。若风门、挡板故障，立即降低锅炉负荷，联系检修处理。

（3）运行磨煤机数量少时，根据风机性能曲线适当降低一次母管压力，使风机在稳定工作区运行。

（4）若风机并列操作中发生喘振，应停止并列，尽快关小失速风机动叶，查明原因消除后，再进行并列操作。

（5）运行风机出力不一致，发生"抢风"现象，解除动叶自动，根据两台风机电流，调平两台风机出力。

（6）根据燃料量的变化，注意给水自动调节正常，调节主汽温度在正常范围。

（7）防止因一次风压降低引起的磨煤机满煤。

（8）视燃烧情况，投油稳燃，同时注意调整炉膛负压。

（9）经上述处理喘振消失，则稳定运行工况，进一步查找原因并采取相应的措施后，方可逐步增加风机的负荷。经上述处理后无效或已严重威胁设备的安全时，应立即停止该风机运行。

4. 预防

（1）根据两台一次风机的风量、电流及动叶开度合理设置两台一次风机的偏置，平衡出力。

（2）注意一次风机的风量、风压监视，保证风量与风压相匹配。

（3）磨煤机启停时挡板的开关要缓慢。

（4）注意一次风母管压力与运行磨煤机台数的匹配。

（5）锅炉负荷较低，运行磨煤机台数较少时，备用磨煤机冷风调节挡板可开启10%～20%，减小一次风系统阻力。

（6）一次风机入口滤网堵塞时应及时清理，防止滤网堵塞引起风机喘振。

（五）仪用压缩空气系统压力低

1. 原因

（1）系统用气量大或管路泄漏。

（2）空压机调节系统故障，空压机出力小。

（3）空压机故障跳闸。

（4）干燥装置故障，再生用气量过大。

2. 处理

（1）启动备用空压机维持系统压力正常，如无备用空压机时应关闭主厂房检修用压缩空气门，以保证仪用空气压力正常，并立即查找原因尽快消除。

（2）查找并隔绝泄漏点。

（3）空压机调节装置故障则停用空压机，通知检修处理。

（4）投用备用干燥装置，隔绝故障干燥装置。

（六）火检冷却风系统母管压力低

1. 原因

（1）火检冷却风机入口滤网堵塞。

（2）火检冷却风机叶片磨损。

（3）火检冷却风机电源接反导致反转。

（4）运行火检冷却风机故障跳闸，备用风机联启不成功。

（5）火检冷却风系统有泄漏。

（6）风机出口自动换向挡板关闭不严，备用风机倒转。

2. 处理

（1）火检冷却风机入口滤网堵塞时，切换至备用风机运行，联系检修处理。

（2）火检冷却风机叶片磨损效率降低时，联系检修处理。

（3）联系检修调换火检冷却风机电源相序。

（4）备用火检冷却风机联启不成功时，立即手动启动。

（5）系统泄漏时，查找漏点，联系检修处理。

（6）风机出口门不严时，应联系检修处理。

【配套实训项目建议】

登录 660 MW 超超临界机组、330 MW 亚临界机组、300 MW 亚临界循环流化床机组、垃圾发电机组仿真系统平台，按规范巡检程序可完成以下实训项目的自测，以强化巩固本节知识。

（1）送风机跳闸故障；

（2）引风机跳闸故障。

【综合练习】

3-7-1　选择题

（1）关于轴流风机发生喘振，说法不正确的是：（　　）。

A. 风机工况点进入不稳定工作区　　B. 风机出口风压波动，风机振动

C. 喘振与失速的发生机理相同　　　D. 立即停运风机运行

（2）空压机内备用态的干燥器入口手动阀门必须（　　）。

A. 关闭　　　　　B. 开启　　　　　C. 半开启

（3）在监盘时若看到风机因电流过大或摆动幅度大的情况下跳闸时，（　　）。

A. 可以强行启动一次　　　　　B. 可以在就地监视下启动

C. 不应再强行启动

（4）风机运行中产生振动，若检查振动原因为喘振，应立即手动将喘振风机的动叶

快速（　　），直到喘振消失后再逐渐调平风机出力。

A. 开启　　　　　B. 关回　　　　　C. 立即开启后关闭　　　D. 立即关闭后开启

（5）随着运行小时增加，引风机振动逐渐增大的主要原因一般是（　　）。

A. 轴承磨损　　　B. 进风不正常　　C. 出风不正常　　　D. 风机叶轮磨损

3-7-2　思考题

（1）风机故障的主要原因有哪些？

（2）轴流风机的喘振有何危害，如何防止风机喘振？

任务八　泵与风机的节能运行

【任务导入】

在火力发电厂中，泵与风机是最主要的耗电设备，占机组厂用电的75%左右，反映出泵与风机是火力发电厂中消耗电能最大的设备，同时由于这些设备长期连续运行和经常处于低负荷及变负荷运行状态，运行工况点偏离高效点，运行效率降低，大量能源在终端利用浪费。因此，了解电厂泵与风机节能相关知识对于电厂运行人员有着重要的意义。

一、安全可靠运行

电力生产过程中，泵与风机工作的安全性直接影响整个机组的安全可靠性。所以在泵与风机的设计和选择上通常都是以必要的牺牲效率来提高泵与风机和整个机组的可靠性。在保证机组安全性的前提下，提高泵与风机的经济性是最重要的任务。

二、合理选型

（1）正确地选择泵与风机的工作参数和裕量，既要保证工作参数有足够的裕量，又必须防止参数过高而造成运行效率降低过多。

（2）选择高效节能型泵与风机是提高效率的前提。因此，合理选型需要了解泵与风机的产品系列的性能、规格，以及生产厂商的信用和产品质量的评估情况。

（3）选择合适的原动机，选择运行效率高的原动机，在确定原动机裕量在保证运行安全性的需要基础上，要避免原动机过多地偏离设计工况。

三、改进泵与风机

为使原有泵与风机达到节能的目的，需要在经济性分析的基础上对造成其效率低的各个方面进行改进或改造。这方面的工作主要包括以下几个方面：

（1）选择质量可靠、效率高的产品更新更换泵或风机。

（2）选择更高效的调节方式和运行方式。

（3）通过对泵与风机进行改造来消除其与系统不匹配的情况，包括经测算后重新设计叶轮、拆除一级叶轮、对叶片进行切割或加长改造等手段改变原来的参数，以达到让泵与风机的扬程（或全压）和流量更好地符合机组运行的需要。

（4）改造管路系统，包括根治管道内的积灰垢堵塞、泄漏等问题，尽可能减小管路的阻力，使进入泵与风机入口的流速分布均匀等。

四、调节方式的选择

根据机组负荷变动的特征，合理选择泵与风机的调节方式是泵与风机节能的另一个关键。泵与风机不同的调节方式的调节效率有较大的差异，图 3-35 所示为离心式风机采用不同调节方式时的调节效率（采用某种调节方式后泵与风机装置的实际运行效率）。

但并不是调节效率高的调节方式经济性更好，影响经济性的因素有设备初投资、运行费用、设备管理费用和维修费用，调节效率仅决定运行费用这一项。因此对不同的选型方案（包括调节方式）进行经济性分析比较才能得出结论。如图 3-35 所示，离心式送风机采用简易导流器效率最低，采用变频调速时最高，而经济性分析的结果却是：机组带基本负荷时采用轴向导流器的经济性最好，采用轴向导流器加双速电动机的经济性次之，采用变频调速的经济性最差；机组带调峰负荷时采用轴向导流器加双速电动机的经济性最好，采用晶闸管串级调速的经济性次之，采用简易导流器的经济性最差。

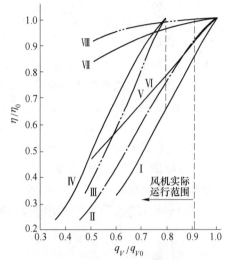

图 3-35　离心式风机采用不同
调节方式时的调节效率

Ⅰ—简易导流器；Ⅱ，Ⅳ—轴向导流器；
Ⅲ—简易导流器加双速电动机；
Ⅴ—液力耦合器；Ⅵ—油膜滑差离合器；
Ⅶ—晶闸管串级调速；Ⅷ—交频调速

五、保证安装、检修质量

提高泵与风机的安装、检修质量对其运行的经济性有明显的影响。一方面，按要求合理确定动静间隙，既减小了泄漏量又不能产生摩擦，并且修复因磨损或汽蚀等原因破坏的流通部件的型线，保持叶轮盘面和流道内的光滑，这些都是影响泵与风机效率的因素；另一方面，通过合理确定检修周期，提高检修质量，可以延长设备的使用寿命。

六、采用经济的运行方式

使泵与风机的运行工况保持在高效区是经济运行的关键所在。需要说明的是以下三个方面：第一，运行人员应掌握不同类型泵与风机的特性和现状，尽可能多地使用经济性好的设备和调节方法；第二，运行人员应牢记各种类型泵与风机高效工况参数，在多台并联运行的情况下能及时调整泵与风机的运行和备用台数；第三，就是根据使用条件，通过对系统进行经济性分析确定泵与风机的运行台数，其目的是使整个系统的经济性为最好。

【综合练习】

3-8-1　选择题

（1）风机风量调节的基本方法有（　　　）。

A. 节流调节　　　　　　　　　　　B. 变速调节

C. 轴向导流器调节　　　　　　　　D. 节流、变频、轴向导流器调节

（2）火力发电厂辅助机械耗电量最大的是（　　）。

A. 给水泵　　　　　　　　　　　B. 送风机

C. 循环泵　　　　　　　　　　　D. 磨煤机

（3）轴流式风机采用（　　）时，具有效率高、工况区范围广等优点。

A. 转数调节　　　　　　　　　　B. 入口静叶调节

C. 动叶调节　　　　　　　　　　D. 节流调节

（4）锅炉采用调速给水泵调节时，给水泵运行中最高转速应低于额定转速（　　），并保持给水调节阀全开，以降低给水泵耗电量。

A. 10%　　　　　B. 15%　　　　　C. 20%　　　　　D. 30%

（5）离心式风机的调节方式不可能采用（　　）。

A. 节流调节　　　　B. 变速调节　　　　C. 动叶调节　　　　D. 轴向导流器调节

3-8-2　思考题

泵与风机节能运行需要考虑哪些问题？

项目四　泵与风机检修

【学习目标】

素质目标

（1）具备职业岗位所需的集体意识、团队合作意识和交流协调能力。

（2）具有安全意识、质量意识、节能环保意识。

（3）具有工匠精神和信息素养。

（4）遵守职业道德规范、热爱劳动、责任心强，具备良好的职业道德修养。

知识目标

（1）掌握离心泵的结构及拆卸原则。

（2）了解离心泵拆卸后的检查项目及要点。

（3）掌握晃动与瓢偏的含义，了解晃动与瓢偏产生的主要原因及对回转体的影响。

（4）掌握轴产生永久弯曲的原因，掌握轴弯曲测量步骤及注意事项。

（5）了解直轴的几种方法、步骤及适用范围。

（6）掌握离心泵拆装要点及测量要点。

（7）掌握风机的拆装原则。

（8）掌握转子测量静不平衡和动平衡的方法。

（9）掌握联轴器找中心的目的和原理。

（10）掌握转子中心状态图的绘制方法。

能力目标

（1）能使用正确的工具拆装离心泵，并对各部分进行检查和测量。

（2）会用百分表测量转动体的瓢偏和晃动，能通过测量结果分析出转体的瓢偏状态。

（3）会用百分表测量轴弯曲，能通过测量结果进行弯曲状态分析。

（4）能测量总窜动量、调整转子轴向位置、调整推力轴承，调整同心度。

（5）能使用正确的工具进行风机的拆装，并对风机常见故障进行检查与修理。

（6）能找转子的显著静不平衡及不显著静不平衡。

（7）能找转子的低速动平衡和高速动平衡。

（8）能对转子联轴器进行正确的找中心操作。

（9）能按照转子中心状态图对联轴器进行调整。

（10）会分析测量数据产生误差的原因。

任务一　泵的拆装与检查

【任务导入】

泵是工程领域中常见的机械设备，在各种工业和民用领域中发挥着重要作用。了解泵的拆装与检查技术，不仅可以更好地维护和保养设备，延长设备的使用寿命，还可以提高设备的效率和安全性。想象一下，当设备出现故障时，我们能够熟练地进行泵的拆装与检查，快速定位问题并进行维修，这不仅可以节约时间和成本，还可以保障生产和工作的顺利进行。

一、离心泵拆卸原则

（1）管道与泵体分解。拆卸前要检查安全措施是否做齐全，泵内压力是否放干净。

（2）分解泵体附件，由高压向低压顺序解体。

（3）做好记录。在拆卸过程中，必须做到边测量边检查各零件的配合间隙，同时做好记录。

（4）拆卸顺序合理。一般离心泵拆卸的顺序是先拆泵的附属设备，后拆泵的本体零部件；先拆外部，后拆内部。

二、多级离心泵的拆卸

拆卸顺序为：

（1）热工元件拆除。联系热工人员拆除设备上的热工元件及电缆等。

（2）拆除离心泵所连接的进出口管道及其附属管道，拆除离心泵的地脚螺栓，拆除联轴器的连接螺栓，在拆除时一定要在联轴器销子配合孔上做好标记，以防在组装时装错。

（3）将整台泵吊至检修场地进行解体检修。

（4）拆卸联轴器一般用拉子（拉马）将其从轴上拉下来。也可以用锤击的方法：垫上铜棒对称 180°击打联轴器的轮毂处（不能击打联轴器的外缘）而使其慢慢退出；如果联轴器与轴之间是过盈配合，则应对联轴器进行加热（或对轴进行冷却），然后进行拆除，加热温度不能太高，一般不超过 200 ℃。

（5）轴承解体。解体时要进行轴承的有关测量并记录，然后拆除两端轴承及其托架。

（6）拆除高压端密封装置，然后拆除高压端尾盖，测量平衡盘的窜动量，如图 4-1 所示。将百分表垂直装在轴的端面，沿轴向来回撬动轴直到撬不动时为止，读取百分表数值，来回的读数差即为平衡盘的窜动量。

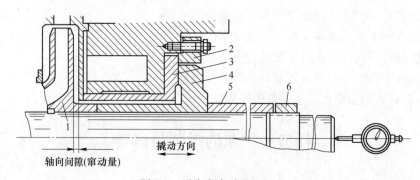

图 4-1　平衡盘窜动量的测量

1—末级叶轮；2—平衡座压盖；3—平衡座；4—平衡盘；5—轴套；6—轴套螺帽

（7）拆下高压侧轴套螺帽，取出轴套及平衡盘，用一假轴套装在平衡盘位置，再将轴套及其螺帽装复，沿轴向来回撬动轴直到撬不动时，读数，来回的读数差即为转子的总窜动量。

（8）拆除低压端密封装置、低压端尾盖、进水段泵壳、轴套及首级叶轮后，拆除穿杆螺栓，按从高压侧向低压侧的顺序，依次拆除各级泵段、叶轮及轴套等。解体时应对各零部件做上记号，最好做上永久性记号，永久性记号一般是用钢号码打在零件较明显的地方，但不准打在配合面上。

三、多级离心泵解体后的检查

（一）止口间隙检查

多级离心泵的两个泵壳之间都是止口配合的。止口之间的间隙不得过大，间隙过大将影响泵的转子与静子的同轴度。检查两泵壳止口间隙的方法如图4-2所示。把泵壳叠在一起放在平板上，在下面泵壳上安装一个磁力表架，其上夹一只百分表，百分表的测量杆与上一个

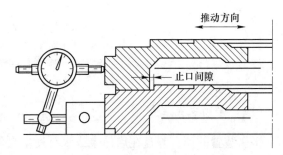

图4-2　泵壳止口间隙的测量

泵壳外圆接触，然后将上面一个泵壳往复推动，百分表上的读数差就是止口间隙。在间隔90°的位置再测一次。一般止口间隙为 0.04~0.08 mm。若间隙大于 0.10~0.12 mm，就需要进行修理。简单的修理方法，可在间隙较大的泵壳凸止口周围间隔均匀地堆焊 6~8 处，每处长 20~30 mm，然后将堆焊后的止口车削到需要的尺寸。

（二）裂纹检查

一般采用宏观检查或用 5~10 倍的放大镜进行检查。当检查到裂纹时就应进行处理，如果裂纹在不承受压力或不起密封作用的地方，为了防止裂纹继续扩大，可在裂纹的始末两端各钻一个直径为 3 mm 的圆孔，以防裂纹扩展。如果裂纹出现在承压部位则应进行补焊。

（三）导叶检查

一般采用宏观检查，当发现导叶冲刷损坏严重时，应更换新导叶，新导叶在使用前应将流道内壁打磨干净。导叶与泵壳的径向间隙一般为 0.04~0.06 mm。

导叶在泵壳内应被压紧，以防导叶与泵壳隔板平面被冲刷。如果导叶未被压紧，可在导叶背面沿圆周方向，并尽量靠近外缘均匀地钻 3~4 个孔，加上紫铜钉，利用紫铜钉的过盈量使两平面密封，如图4-3（a）所示。在装紫铜钉之前，先测量出导叶与泵壳之间的轴向间隙，其方法是先在泵壳的密封面及导叶下面放上 3~4 根铅丝，再将导叶与另一泵壳放上，如图4-3（b）所示，垫上软金属用大锤轻轻敲打几下，取出铅丝测其厚度，两处铅丝平均厚度之差即为间隙值。紫铜钉的高度应比测出的间隙值多 0.3~0.5 mm，这样，泵壳压紧后，导叶便有一定的预紧力。

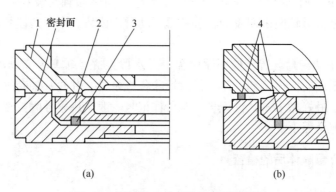

图 4-3　压紧导叶的方法及间隙的测量
（a）紫铜钉的布置；（b）轴向间隙的测量
1—泵壳；2—导叶轮；3—紫铜钉；4—铅丝

（四）平衡装置检查

平衡装置的动、静盘在启停泵或水泵发生汽化时会产生摩擦。当动、静盘接触面出现磨痕时，可在其结合面之间涂上研磨砂进行对研。若沟痕很深，应用车床进行车削。车削后再用研磨砂对研，使动、静盘接触面积达 75% 以上。

（五）密封环与导叶衬套检查

密封环与导叶衬套分别装在泵壳及导叶上，如图 4-4 所示。它们的材料硬度应低于叶轮，当与叶轮发生摩擦时，首先损坏的是密封环和导叶衬套；若发现其磨损量超过规定值或有裂纹时，必须进行更换。密封环同叶轮的径向间隙随密封环的直径大小而异，一般为密封环内径的 0.15% ~ 0.30%；磨损后的允许最大间隙不得超过密封环内径的 0.4% ~ 0.8%（密封环直径小，取大比值；直径大，取小比值）。如有紧固螺钉，密封环同泵壳的配合可采用间隙配合，其值为 0.03 ~ 0.05 mm；若无紧固螺钉，其配合应有一定紧力，其值为 0 ~ 0.03 mm。

导叶衬套同叶轮的间隙应略小于密封环同叶轮的间隙（小 1/10）。导叶与导叶衬套为过盈配合（过盈量为 0.015 ~ 0.02 mm），还需用止动螺钉紧固。

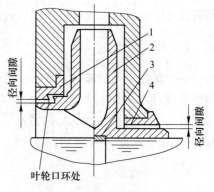

图 4-4　叶轮的密封装置
1—密封环；2—叶轮；
3—卡环；4—导叶衬套

（六）泵轴检查

泵轴是转子上所有零件的安装基准，并传递力矩。转子的转速越高，轴的负荷越重，因此对轴的要求严格。检修时应对轴的弯曲度进行测量，弯曲度一般不允许超过 0.05 mm，否则应进行直轴工作，解体后若发现泵轴有下列情况之一，应更换新轴：

（1）轴的表面有裂纹。

（2）轴的表面有被高速水流冲刷而出现较深的沟痕，尤其是在键槽处。

（3）轴弯曲很大，经多次直轴而又弯曲。当泵轴个别部位有拉毛或磨损时，可采用热喷涂或涂镀工艺进行修复。

（七）叶轮检查

检查叶轮口环处的磨损情况，若磨损的沟痕在允许范围内，可在车床上把沟痕车掉。车削时必须要保持原有的同心度，加工后口环处的晃动度应小于 0.04 mm，如图 4-5 所示。车后的叶轮应配制相应的密封环，以保持原有间隙。若叶轮口环磨损严重，超过标准时，应更换新叶轮。首级叶轮的叶片容易受汽蚀损坏，如果叶片上有轻微的汽蚀小孔，可进行焊补修复。

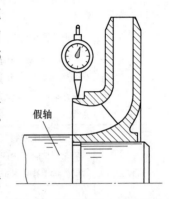

图 4-5　测量叶轮口环的晃动

叶轮内孔与轴的配合部位由于长期使用和多次拆装，其配合间隙将增大，此时可将配合的轴段或叶轮内孔用喷涂法修复。

叶轮需要更换时，检查新叶轮的实际尺寸是否与图纸尺寸相符。新的叶轮必须清除其流道的黏砂、毛刺、凹凸不平和氧化皮等，以提高流道表面的光滑程度。过去常采用喷砂法或手工铲刮，效果一直不佳。近年来有的厂采用砂洗装置进行流道清理，效果较好。新叶轮清洗后还应进行静平衡校验。找静平衡后，对于永久平衡质量的固定均采用磨削的方法，也就是将叶轮偏重的一侧外表磨去偏重值。

【拓展实操训练】

单级双吸离心泵检修工艺及质量标准如表 4-1 所示。

表 4-1　单级双吸离心泵检修工艺及质量标准

检修内容	检修工艺及注意事项	质量标准
解体	拆卸对轮罩及对轮螺丝，复查中心。加热对轮后，用拉马拔掉对轮	
	拆除并封堵影响检修的各连接管道，拆卸两端轴承体压盖，拆除轴密封装置	
	拆卸泵盖结合面连接螺栓，拔出销钉，吊走泵盖（对于立式泵盖，应注意采取临时措施保护转子）	
	吊（抽）出转子放于枕木上	
	拆卸两端的轴承端盖、轴头螺母、轴承、轴套、水封环等（对于穿装式转子，此步骤应在拆泵盖前进行）	
	拆卸叶轮	

检修内容	检修工艺及注意事项	质量标准
清扫、检查、测量	各部件清扫干净，轴应无裂纹、磨损，丝扣完好，测量轴晃度、转子晃度	轴晃度：轴径处不大于 0.02 mm，其他处不大于 0.03 mm，转子晃度：轴径处为 0，轴套处不大于 0.06 mm，叶轮口环处不大于 0.08 mm
	检查轴套有无裂纹、气孔，磨损超过壁厚 1/2 时应更换新件	
	检查叶轮有无磨损、裂纹、砂眼，测量密封环径向间隙	
	检查盘根压盖与轴套间隙（采用机械密封的应测量机封压缩量及动静环径向间隙）	
	检查轴承有无磨损、裂纹、锈蚀、麻点、脱胎、转动是否灵活	
回装	按相反顺序回装，并检查转子的窜动量、抬量。保证转子与泵壳的轴向、径向对中。应测量记录轴承各间隙，更换新盘根，转子转动灵活	
	调整电机与泵的对轮中心	圆差不大于 0.06 mm，面差不大于 0.04 mm

【配套实训项目建议】

（1）单吸多级分段式离心泵的拆装及测量。

（2）齿轮泵的拆装及测量。

（3）水环式真空泵的拆装及测量。

（4）螺杆泵的拆装及测量。

（5）齿轮油泵的拆装及测量。

【综合练习】

4-1-1　填空题

（1）泵轴检修前要测的弯曲及轴颈的_____度、_____度。

（2）检修中装配好的离心泵在_____时，转子转动应灵活、不得有_____、卡涩、摩擦等现象。

4-1-2　选择题

（1）水泵振动最常见的原因是（　　）引起的。

A. 汽蚀　　　　　　　　　　　　　B. 转子质量不平衡

C. 转子的临界转速　　　　　　　　D. 平衡盘设计不良

（2）离心泵机械密封若采用 V 形密封圈，其张口方向应对着（　　）。

A. 密封介质　　　　　　　　　　　B. 轴承箱

C. 联轴器　　　　　　　　　　　　D. 电动机

（3）立式轴流水泵的导向轴瓦沿下瓦全长接触为（　　）以上。

A. 65%　　　　　　　　　　　　　B. 70%

C. 75%　　　　　　　　　　　　　D. 80%

（4）水泵叶轮的瓢偏值用百分表测量时，指示出（　　）。

A. 叶轮的径向晃动值　　　　　　　B. 轴向移动值

C. 轴向晃动值　　　　　　　　　　D. 径向跳动值

（5）水泵密封环处的轴向间隙应（　　）泵的轴向窜动量。

A. 大于　　　　　　　　　　　　　B. 等于

C. 小于　　　　　　　　　　　　　D. 小于等于

（6）安装有机械密封的普通型泵，其最大轴向窜动量不允许超过（　　）mm。

A. 0.2　　　　　　　　　　　　　　B. 0.4

C. 0.5　　　　　　　　　　　　　　D. 0.8

（7）多级离心给水泵安装时，第一级叶轮出口与导叶轮间隙大于第二级的，依次下去是考虑到运行时的（　　）。

A. 转子和静止部件相对热膨胀　　　B. 轴向推力

C. 减少高压水侧的倒流损失　　　　D. 流动损失

4-1-3　问答题

（1）如何测量多级离心泵的轴向总窜动量和平衡盘窜动量？

（2）多级离心泵组装前，为什么要进行转子试装？

任务二　晃动、瓢偏值的测量

【任务导入】

泵轴晃动和瓢偏是常见的泵故障现象，会影响泵的正常运行，甚至导致设备损坏。因此，准确测量泵轴晃动和瓢偏是保障设备安全运行的关键步骤。在进行泵轴晃动和瓢偏的测量时，需要使用专业的测量工具和仪器，如百分表、激光对中仪等。在实际操作中，需要注意测量位置的选择，通常选择在泵轴承位置进行测量。

通过测量泵轴晃动和瓢偏的数据，可以及时发现泵的异常运行状态，为后续的故障诊断和维修提供重要参考。因此，掌握泵轴晃动和瓢偏的测量方法是每位泵与风机检修人员必备的技能之一。

一、概述

（一）晃动、瓢偏、晃动度、瓢偏度的定义

回转体外圆面对轴心线的径向跳动称为径向晃动，简称晃动。晃动程度的大小称为晃动度。回转体端面沿轴向的跳动即轴向晃动，称为瓢偏。瓢偏程度的大小称为瓢偏度。回转体的晃动、瓢偏不允许超过允许值，否则将影响旋转体的正常运行。

（二）回转体产生瓢偏、晃动的主要原因

（1）由于轴弯曲而造成转子上的部件瓢偏度、晃动度增加，越是接近最大弯曲点的部件其值增加越大。

（2）在加工回转体上的零件时，加工工艺不精准，造成孔与外圆的同心度、孔与端面的垂直度超过允许范围。

（3）在安装、检修时，套装件不按正规工艺进行套装，如键的配合有误、轴与孔的配合间隙过大、套装段有杂质、热套变形等。

（4）铸件退火不充分，造成因热应力而变形。

（5）运行中动静部件发生摩擦，造成热变形。

（三）晃动、瓢偏对回转体的影响

（1）回转体晃动会影响回转体的平衡，尤其是大直径、高转速的回转体，其影响程度更为严重。

（2）对动静间隙有严格要求的回转体，晃动、瓢偏过大会造成动静部件的摩擦。

（3）以端面为工作面的旋转部件，如推力盘、平衡盘的工作面，要求在运行中与静止部件有良好的动态配合。若瓢偏度过大，则将破坏这种配合，导致盘面受力不匀，并破坏油膜或水膜的形成，造成配合面磨损或烧瓦事故。

（4）回转体的连接件，如联轴器的对轮，若晃动度、瓢偏度超过允许范围，将影响轴系找中心及联轴器的装配精度，导致机组的振动超常。

（5）传动部件，如齿轮，其晃动的大小直接关系着齿轮的啮合优劣，又如三角带轮的瓢偏与晃动会造成三角皮带的超常磨损。

因此，在检修中都要对转子上的固定件，如叶轮、齿轮、皮带轮、联轴器、推力盘、轴套等进行瓢偏和晃动的测量。测量工作可以在机体内进行，也可以在机体外进行，一般应在机体内进行，这样得出的数值较准确。

二、晃动的测量方法

将所测回转体的圆周分成八等份，并编上序号。固定好百分表架，将表的测杆按标准安放在圆面上，如图 4-6（a）所示。被测量处的圆周表面必须是经过精加工的，其表面应无锈蚀、无油污、无伤痕，否则测量就失去了意义。

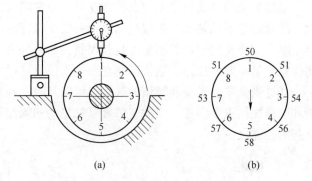

图 4-6　测量晃动的方法（单位：0.01 mm）

把百分表的测杆对准如图 4-6（a）所示的位置"1"，先试转一圈。若无问题，即可按序号转动回转体，依次对准各点进行测量，并记录其读数，如图 4-6（b）所示。

根据测量记录，计算出最大晃动度。以图 4-6（b）的测量记录为例，最大晃动位置为 1—5 方向的"5"点，最大晃动值为 0.58−0.50＝0.08（mm）。

在测量工作中应注意以下几点：

（1）在转子上编序号时，按习惯以回转体的逆转方向顺序编号。

（2）晃动的最大值不一定正好在序号上，所以应记下晃动的最大值及其具体位置，并在转体上做上明显记号，以便检修时查对。

（3）记录图上的最大值与最小值不一定正好是在同一直径上，无论是否在同一直径上，其计算方法不变，但应标明最大值的具体位置。

（4）测量晃动的目的是找出回转体外圆面的最凸出位置及凸出的数值，故其值不能除以 2（除以 2 后将成为轮外圆中心偏差）。

三、瓢偏的测量方法

（一）瓢偏的测量过程

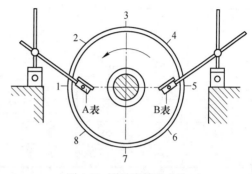

图 4-7　测量瓢偏的方法

在测量瓢偏时，必须安装两只百分表。因为测件在转动时可能与轴一起沿轴移动，用两只百分表，可以将移动的数值（窜动值）在计算时消除。装表时，将两表分别装在同一直径相对的两个方向上，如图 4-7 所示。将表的测量杆对准如图 4-7 所示的 1 点和 5 点，两表与边缘的距离应相等。表针经调整并证实无误后，即可转动回转体，按序号依次测量，并把两只百分表的读数分别记录下来。

记录的方法有两种：一种用图记录，如图 4-8 所示；一种用表格记录，如表 4-2 所示。

（1）用图记录的方法。

1）将 A 表、B 表的读数 a、b 分别记在圆形图中，如图 4-8（a）所示。

2）算出两记录图同一位置的平均数，并记录在图 4-8（b）中。

3）求出同一直径上两数之差，即为该直径上的瓢偏度，如图 4-8（c）所示。通常将其中最大值定为该转体的瓢偏度。从图 4-8（c）中可看出，最大瓢偏位置为 1—5 方向，最大瓢偏度为 0.08 mm。该转体的瓢偏状态如图 4-8（d）所示。

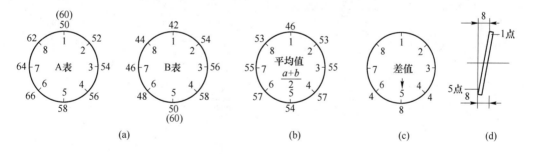

图 4-8　瓢偏测量记录（单位：0.01 mm）

（2）用表格记录的方法（如表 4-2 所示）。从图 4-8（a）和表 4-2 中可看出，测点转完一圈之后，两只百分表在 1—5 点位置上的读数未回到原来的读数，由"50"变成"60"。这表示在转动过程中转子窜动了 0.10 mm，但由于用了两只百分表，在计算时该窜动值已被消除。

测量瓢偏应进行两次。第二次测量时，应将测量杆向回转体中心移动 5~10 mm。两次测量结果应很接近，如相差较大，则必须查明原因（可能是测量上的差错，也可能是回转体端面不规则）再重新测量。

表 4-2　瓢偏测量记录及计算举例　　　　　　　　　　　（mm）

位置编号		A 表	B 表	$a-b$	瓢偏度
A 表	B 表				
1—5		50	50	0	
2—6		52	48	4	
3—7		54	46	8	
4—8		56	44	12	
5—1		58	42	16	瓢偏度 $= \dfrac{(a-b)_{max} - (a-b)_{min}}{2} = \dfrac{16-0}{2} = 8$
6—2		66	54	12	
7—3		64	56	8	
8—4		62	58	4	
1—5		60	60	0	

（二）瓢偏度与回转体瓢偏状态的关系

根据图 4-8 与表 4-2 计算出的瓢偏度，其值指的是回转体端面的最凸出部位、最凹入部位，还是凹凸之和，需通过图 4-9 所示的图解法求证。

通过图 4-9 所示的图解结果证明，瓢偏度是回转体端面最凸处与最凹处之间的轴向距离。

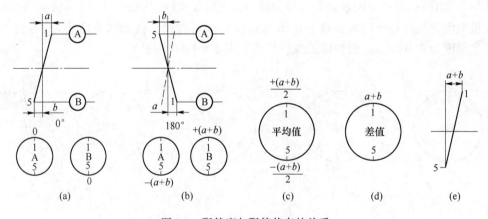

图 4-9　瓢偏度与瓢偏状态的关系

（三）测量瓢偏的注意事项

（1）图与表所列举的数据均为正值，实际工作中有负值的出现，但其计算方法不变。

（2）若百分表以"0"为起点读数时，则应注意 +、- 的读法，如图 4-10 所示，在记录和计算时同样应注意 +、- 符号。

（3）用表计算时，其中两表差可以用 $a-b$，也可以用 $b-a$ 来计算，但在确定其中之一后就不能再变。

（4）图和表中的最大值与最小值不一定在同一直径上。出现不对称情况是正常的，说明回转体的端面变形是非对称的扭曲。

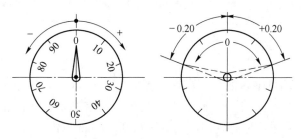

图 4-10 百分表以零为起点的读数法

【综合练习】

4-2-1 叙述瓢偏、晃动的定义。

4-2-2 测量瓢偏时，为何架设两只百分表就能消除轴向窜动的影响？

任务三 轴弯曲的测量及直轴

【任务导入】

泵轴弯曲可能会导致泵的不稳定运行、振动增大、密封磨损加剧等问题，严重时甚至会导致设备故障和安全事故发生。因此，及时准确地测量泵轴的弯曲程度对于确保设备正常运行至关重要。本节主要介绍使用百分表进行轴弯曲测量，在测量过程中需注意百分表安装位置的准确性、稳定性，以及读数和计算的正确性。

一、轴弯曲的分类

轴的弯曲可以分为两种：永久性弯曲和临时性弯曲变形。当轴受到外力（机械力或温差热应力）或由于材料组织不均匀，在温度变化时形成的组织应力（内应力）使轴弯曲时，若其应力小于弹性极限，那么当这些力消失后，弯曲变形也随之消失，这种弯曲变形称为临时性弯曲变形（或弹性弯曲）。如果受到的应力超过材料屈服极限，当外力消失后，轴不能恢复到原来状态，产生了塑性变形，这种弯曲称为永久性弯曲变形。临时性弯曲在大部分情况下不会影响设备的正常运行，而永久性弯曲会影响设备的正常使用，使设备发生振动，所以对于发生永久性弯曲的轴必须进行校直。

二、轴产生永久弯曲的原因

轴发生永久弯曲往往是由于轴本身单侧摩擦过热而引起的。轴发生单侧摩擦的原因很多，如汽轮机停机时停盘车工作有误使轴产生变形、启动前漏入蒸汽而形成转子上下出现温差导致变形、长期停机或运输过程停放不当引起变形等都会引起轴单侧摩擦。另外弹性变形的转子如果恢复处理不当就进行启动，弯曲部位则可能发生摩擦，摩擦使金属发热而膨胀，弯曲增大，摩擦加重，摩擦部位的温度继续升高。如此循环，金属过热部分受热膨胀，因受周围温度较低部分的限制而产生了压应力。如压应力大于该温度下的屈服极限（屈服极限随温度升高而降低）时，则产生永久变形，受热部分金属受压而缩短，当完全冷却时，轴就向相反方向弯曲变形，摩擦伤痕就处于轴的凹面侧，形成永久的弯曲变形。

三、工作过程

（一）轴弯曲的测量

（1）测量条件。测量轴弯曲时，应在室温状态下进行。大部分轴可在平板或平整的水泥地上，将两端轴颈支撑在 V 形铁上进行测量；而重型轴，如汽轮机转子轴，一般在本体的轴承上进行。测量前应将轴向窜动限制在 0.10 mm 以内。

（2）测量步骤。

1）测量轴颈的不圆度，其值应小于 0.02 mm。

2）将轴分成若干测段，测点应选在无锈斑、无损伤的轴段上，测记测点轴段的不圆度。

3）将轴的端面 8 等分，序号的 1
点应定在有明显固定记号的位置，如
键槽、止头螺钉孔，以防在擦除等分
序号后失去轴向弯曲方位（如图 4-11
所示）。

4）为了保证在测量时每次转动的
角度一致，应在轴段设一固定的标点，
如划针盘、磁力表座等。

5）架装百分表时，应按图 4-12
所示的要求进行，并检查装好后的百分表灵敏度。

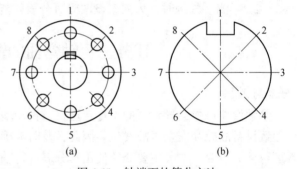

图 4-11　轴端面的等分方法

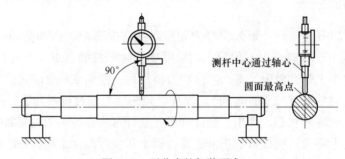

图 4-12　百分表的架装要求

6）将轴沿序号方向转动，依次测出百分表在各等分点的读数。根据记录计算出每个测段截面的弯曲向量值和弯曲方向，计算方法为同直径两读数差值的 1/2，即为轴中心弯曲值。绘制各截面弯曲相位图。

7）根据各截面弯曲向量图绘制弯曲曲线图，纵坐标为轴各截面的弯曲值，横坐标为按同一比例绘制的轴全长及各测量截面的距离。根据各交点连成两条直线，为提高位置精度，可在直线交点及其两侧多测几个截面，将测得的各点连成平滑曲线（与两直线相切），构成轴的弯曲曲线，如图4-13所示。

图4-13所示为某转子测量弯曲装置和根据测量结果在某一方向绘制的弯曲曲线，由该曲线可以找到转子的最大弯曲点和该点的弯曲值。

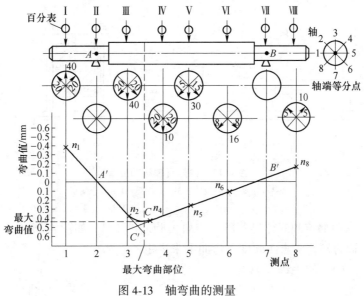

图 4-13　轴弯曲的测量

（二）直轴的方法

直轴的方法主要有：机械加压直轴法、捻打直轴法、局部加热加压直轴法和应力松弛直轴法。

1. 机械加压直轴法

机械加压直轴法是把轴放在 V 形铁上，两 V 形铁的距离一般为 150~200 mm，并使轴弯曲的凸面向上，在轴的下方或轴端部装上百分表，然后利用螺旋加压器压轴的凸面，使凹面金属纤维伸长，从而达到直轴的目的，如图 4-14 所示。注意下压的距离应略大于轴的弯曲值，过直量一般不超过该轴的允许弯曲值。

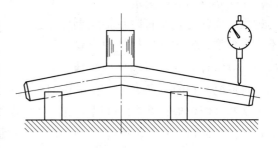

图 4-14　机械加压直轴法

该种直轴法一般不需要进行热处理，但精度不高，有残余应力，运行中容易再次出现弯曲，只能用于直径较小，弯曲较小的轴，如阀杆及其他棒类等。

2. 捻打直轴法

捻打直轴法是通过人工用捻棒捻打轴的弯曲处凹面，使这部分金属延伸，从而将轴校直。捻棒可用低碳钢或黄铜制作；捻棒宽根据轴的直径决定；捻棒下端端面应制成与轴面相吻合的弧形（没有棱角）。

具体方法如下：

（1）将轴凹面向上，牢固地固定在固定架上，在支座与轴接触处应垫以铜、铝之类的软金属板或硬木块，轴的另一端任其悬空，必要时可在悬空端吊上重物或机械加压以增加捻打效果，如图4-15所示。

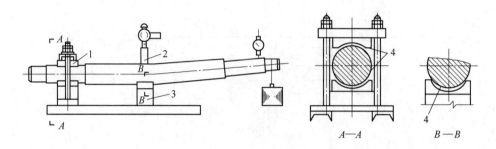

图4-15　捻打直轴法的设备
1—固定架；2—捻棒；3—支持架；4—软金属板

（2）在轴弯曲部位画好捻打范围，一般为圆周的1/3，如图4-16（a）所示；轴向捻打长度应根据轴的材料、表面硬度和弯曲度来决定。

（3）用1~2 kg的手锤靠其自重锤击捻棒。先从1/3圆弧的中心开始，左右相间均匀地锤击。锤击次数应中间多，左右两侧逐渐递减，如图4-16（a）所示。轴向锤击次数也是由中央向轴的两端递减，如图4-16（b）所示。在锤击的过程中要注意：捻打时在轴面上不许有刻痕，使用锤击捻棒用力要均匀，每捻打完一遍，检查一次轴

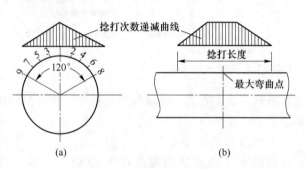

图4-16　捻打的方法
（a）圆周捻打范围；（b）长度捻打范围

的伸直情况。轴的伸直变化开始较大，以后由于轴表面逐渐硬化，轴的伸直也减慢了。若经多次捻打但效果不显著，可以用喷灯将轴表面加热到300~400 ℃，进行低温退火，再捻打。捻打到最后时要防止过直，但允许有一定的过直量（0.01~0.02 mm）。

（4）最后将轴的捻打部位进行低温退火，消除内应力和表面硬化。

该种直轴法精度高、应力小、不产生裂纹，但有残余应力存在，同机械加压法一样，只能适用于小直径弯曲不大的轴。

3. 局部加热加压直轴法

局部加热加压直轴法在加热温度、加热时间、加热部位及冷却方式上与局部加热法相同，不同之处是加热前用机械加压法使轴先产生弹性的与原弯曲方向相反的预变形，加热后膨胀受阻产生压缩的塑性变形，达到校直的目的。设备布置如图4-17所示。

在进行局部加热加压直轴时，注意压力的大小应根据轴两支点间的距离、轴的直径及弯曲值来选择，施加的压力必须在轴完全冷却之后卸压。

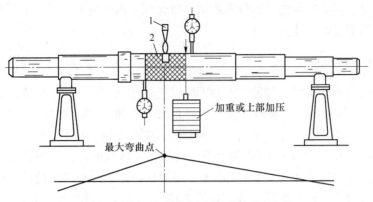

图 4-17　局部加热加压直轴法的设备布置
1—火嘴；2—石棉布

在直轴的过程中没有达到校直要求的轴或运行后再次弯曲的轴均允许重复进行校直，用局部加热法或局部加热加压法直轴，每加热一次均能有较好的效果，在同一部位再次加热，效果就比第一次差。对同一部位加热一般不多于两次，否则应变动加热部位。

此法的直轴效果较前几种方法好，但不适用于高合金钢及经淬火的轴，而且稳定性较差，在运行中有可能向原弯曲形状再次变形。

（4）内应力松弛直轴法。内应力松弛直轴法是将轴的最大弯曲处的整个圆周加热到低于回火温度 30～50 ℃，接着向轴的凸起部位加压，使其产生一定的弹性变形。在高温下，作用于轴的内应力逐渐减小，同时弹性变形逐渐转变为塑性变形，从而达到轴的校直目的。

这种直轴法校直后的轴具有良好的稳定性，尤其是对于用合金钢锻造或焊接的轴，用这种方法直轴最为可靠。

【综合练习】

4-3-1　叙述捻打法直轴的步骤及注意事项。

4-3-2　叙述局部加热法直轴的原理、方法及注意事项。

任务四　离心泵的装复

【任务导入】

离心泵作为常见的流体输送设备，在工业生产中起着至关重要的作用，用于输送各种液体、气体或混合物。离心泵由叶轮、泵壳、轴等多个部件组成，每个部件都扮演着关键角色，需要精准组装才能确保泵的正常运行和高效性能。正确的组装是确保离心泵正常运行和延长使用寿命的关键。

一、转子的试装

离心泵在装复前要进行一次试装，以多级离心泵为例。

（一）试装的目的

它是决定组装质量的关键。其目的为：消除转子静态晃动，以免内部摩擦，减少振动和改善盘根工况；调整叶轮之间的轴向距离，以保证各级叶轮的出口中心与导叶的入口中心对准；确定调节套的尺寸。

（二）试装前的检查

检查转子上的部件尺寸，消除部件的明显超差。轴上套装件的不同心度一般不超过 0.02 mm，套装件与轴的配合必须符合原设计的配合标准，轴的弯曲度不超过 0.05 mm。对轴上所有的套装件，如叶轮、平衡盘、轴套等，应在专用工具上进行端面对轴中心垂直度的检查，如图 4-18（a）所示。假轴与套装件应采用转动配合，用手转动套装件，转动一圈后百分表的跳动值应在 0.015 mm 以下，用同样的方法检查端面的垂直度。有的不用假轴，将套装件放在平板上进行测量，如图 4-18（b）所示，使用该测量法不能得出端面与轴中心线的垂直误差，得出的是上下端面的平行误差。

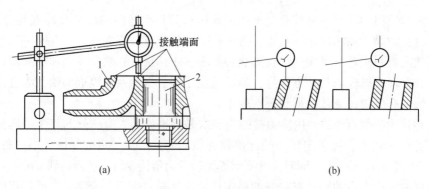

（a）　　　　　　　　　　　　　　　　（b）

图 4-18　检查套装件的端面垂直度
（a）正确的检查法；（b）错误的检查法
1—套装件；2—假轴

（三）找转子晃动的部位

做好上述准备工作后，将套装件清扫干净，并按从低压侧到高压侧的顺序依次装在轴上，拧紧轴套螺帽（对于热套转子，只装首、末级叶轮，中间各级不装），然后分别测出各部位的晃动，如图 4-19 所示。所测的晃动值应符合质量标准。

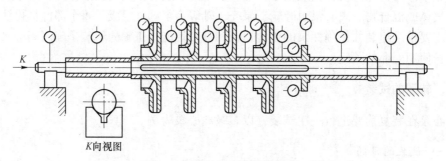

K向视图

图 4-19　转子晃动的测量部位

二、离心泵装复

（一）首级叶轮出口中心的定位

带有导叶的离心泵在组装时，要求叶轮的出口槽道中心线必须对正导叶的入口槽道中心，如果两者中心不重合就会降低离心泵的效率。因而对泵的各级尺寸都有严格的要求，一般只要第一级中心对正了，以后各级的中心都能对正。首级叶轮定位的方法如图4-20所示。先根据导叶入口槽道宽度和叶轮出口槽道宽度制作成一定位片，把第一级叶轮装在轴上并与轴的凸肩靠紧，将定位片插入叶轮出口，再推轴使定位片与导叶端面相接触；然后在端盖端面平齐的地方，用划针在轴套外圆上划一道线（ c 线），以便在平衡装置组装后检查叶轮出水口对中心情况和叶轮在静子中的轴向位置。

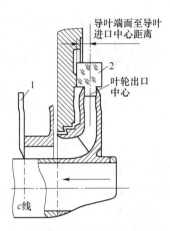

图 4-20　首级叶轮定位的方法

1—单刃划针；2—定位片

（二）总窜动量的测量

在泵体组装完毕并将拉紧螺栓全部拧紧后，不装轴承及轴封，也不装平衡盘，而用专用套代替平衡盘套装在轴上，并上好轴套螺帽，此时即可开始测量总窜动量。测量前在轴端盖上装一百分表，然后拨动转子，转子在前、后终端位置的百分表读数之差即为转子在泵壳内的总窜动量，如图4-21所示。与此同时，在首盖端面平齐的地方，用划针在轴套外圈上划线，往出口侧拨转子时划线设为 a，往入口侧拨转子时划线设为 b，首级叶轮定位时划线设为 c，则 c 线应大致位于 a、b 线的中间位置。当调整转子轴向位置时，应以此作为参考。

（三）转子轴向位置的调整

当完成总窜动量的测量之后，将平衡盘、调整套等装好，并将轴套螺帽拧至转子预装位置。然后拨动转子使平衡盘靠紧平衡座，在首盖端面平齐的地方用划针所划的线应大致与 c 线重合。如不重合，可通过调整调整套的长度 L 或垫片 δ 的厚度 δ 进行调整，如图4-22所示。

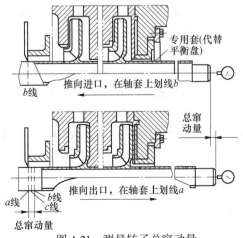

图 4-21　测量转子总窜动量

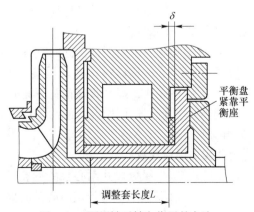

图 4-22　调整转子轴向位置的方法

（四）推力轴承的调整

离心泵中装有推力轴承时，应测量并调整其轴向位置。当泵启动和停止而平衡盘尚未建立压差时，叶轮的轴向推力由推力轴承的工作瓦块承受。平衡盘一旦建立压差，叶轮的轴向推力就完全由平衡盘平衡，而推力盘与工作瓦块脱离接触。要达到这样的要求，需将转子推向进口侧，使推力盘紧靠工作瓦块，此时平衡盘与平衡座应有 0.01 mm 的间隙（如图 4-23 所示）。若间隙过大或无间隙，可调整工作瓦块背部的垫片，也可调整平衡盘在轴上的位置。推力轴承在运行时油膜厚为 0.02～0.035 mm，要使推力轴承在泵正常运行时不工作，平衡盘与平衡座在运行时的间隙为 0.03～0.045 mm，只有这样，推力盘才能处于工作瓦块与非工作瓦块之间不投入工作。如果推力轴承仍然处于工作状态，应重新调整平衡盘与平衡座的轴向间隙。

推力盘与非工作瓦块的轴向间隙 c 应远小于转子叶轮背部间隙 b，如图 4-23 所示，当离心泵因汽蚀或工况不稳产生窜轴时，推力盘与非工作瓦块先起作用，不致发生转子与壳相摩擦的故障。

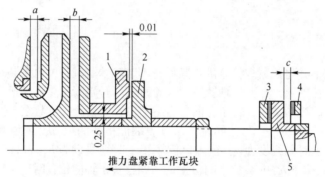

图 4-23　平衡盘和推力轴承的间隙调整（单位：mm）

1—平衡座；2—平衡盘；3—工作瓦块；4—非工作瓦块；5—推力盘

（五）转子与静子同心度的调整

泵体装完后，将两端的轴承装好，即可调整转子与静子的同心度。

在两端轴承架上各装一只百分表，表的测量杆中心线垂直于轴中心线并接触到轴颈上。用撬棍在轴的两端同时平稳地将轴抬起，其在上下位置时百分表的读数差就是转子与静子上下方向的间隙 K。

将转子撬起，放入下瓦，此时百分表的读数应为最小读数（轴在最低位置时的读数）加 K 值的一半，否则就需调整。调整时如果轴承架下有调整螺栓，则只需松、紧螺栓即可。若无调整螺栓，则可调整轴瓦下面的垫片厚度。对于转子与静子两侧同心度的测量可按上述原理进行，也可用内卡或内径百分表测出轴颈在轴承座凹槽内两侧的间隙，并要求两侧间隙相等。

【配套实训项目建议】

（1）单吸多级分段式离心泵的拆装及测量。

（2）单级双吸水平中开式离心泵的拆装及测量。

（3）齿轮泵的拆装及测量。

（4）螺杆泵的拆装及测量。

（5）齿轮油泵的拆装及测量。

（6）水环式真空泵的拆装及测量。

【综合练习】

4-4-1　测量瓢偏时，如何消除轴向窜动量的影响？

4-4-2　如何测量多级离心泵的轴向总窜动量和平衡盘窜动量？

4-4-3　多级离心泵组装前，为什么要进行转子试装？

4-4-4　平衡盘的间隙如何调整？

任务五　风机的拆卸与检查

【任务导入】

　　风机作为工业生产中常见的设备之一，其正常运行直接影响到生产效率和安全性。因此，对风机进行定期的拆卸与检查是至关重要的。通过定期检查，可以发现风机是否存在磨损、松动、漏风等问题，及时进行维修和更换，确保风机的正常运行和延长其使用寿命。在进行风机的拆卸与检查时，需要严格按照操作规程和安全操作规范进行，确保操作人员的安全。同时，还需要熟悉风机的结构和工作原理，了解各个部件的功能和作用，以便在拆卸和检查过程中能够准确无误地操作。

　　风机在检修之前，应先在运行状态下进行检查，从而了解风机存在的缺陷，并测记有关数据，供检修时参考。检查的主要内容有：

　　（1）测量轴承和电动机的振动及其温升。

　　（2）检查轴承油封漏油情况。如风机采用滑动轴承，应检查油系统和冷却系统的工作情况及油的品质。

　　（3）检查风机外壳与风道法兰连接处的严密性。入口挡板的外部连接是否良好，开关动作是否灵活。

　　（4）了解风机运行中的有关数据，必要时可做风机的效率试验。

一、风机的拆卸

　　（1）拆卸前的检查。风机停止，打开人孔门通风，对转子做止动措施后进行检查。检查转子的叶片、前后盘的磨损情况，所有焊缝的磨损及疲劳、裂纹，轮毂与弹性紧固螺母的连接是否松动，主轴的磨损、腐蚀、裂纹、变形情况等。对于机壳和风箱的检查内容包括：机壳与风箱的磨损情况，疲劳和裂纹，人孔门是否完善严密，挡板装置的磨损与开关情况，集流器的结构完整性、与叶轮的密封间隙。

　　（2）联轴器解列。拆开联轴器对轮，做好回装标记，测量对轮间隙和中心情况，测量联轴器螺栓孔和螺栓的磨损情况，移开电动机。

　　（3）轴承箱解体。拆除轴承箱端盖，吊出轴承箱上盖，测量轴承与轴承座间隙，检查端盖的推力和膨胀间隙。

　　（4）机壳解体，吊出转子。拆除风机上盖，用气割将集流器的部分割掉，将风机转子吊出，放在平衡架上，并加以固定，防止转动。转子的轴颈不能直接与平衡架接触，以免损伤轴颈。

（5）拆除对轮。用专用工具将轴上的对轮拆除，如紧力较大，可采用加热法。

（6）拆除轴承。采用加热法将轴承拆除。

（7）转子解体。若更换叶轮，则需采用专用工具拆卸旧叶轮。如果拆卸紧力较大时，可将轮毂加热到 100～200 ℃，轮毂胀大后再拆卸。

二、离心风机的检查处理

（一）叶轮检修

风机解体后，先清除叶轮上的积灰、污垢，再仔细检查叶轮的磨损程度、铆钉的磨损和紧固情况，以及焊缝脱焊情况，并注意叶轮进口密封环与外壳进风圈有无摩擦痕迹。叶片磨损程度不同，检修工作也不同，通常有叶轮补焊、更换叶片、更换叶轮。叶轮检修完毕后，必须进行叶轮的晃动和瓢偏测量以及转子找平衡工作。

（1）叶轮补焊。叶片磨损低于原叶片厚度的 1/2、叶片局部磨穿或有缺口、铆钉头磨损，采用堆焊或补焊钢板。焊补时应选用焊接性能好、韧性好的焊条。每块叶片的焊补重量应尽量相等，并对叶片采取对称焊补，以减小焊补后叶轮变形及重量不平衡。挖补时，其挖补块的材料与型线应与叶片一致，挖补块应开坡口，当叶片较厚时应开双面坡口以保证焊补质量。挖补后，叶片不允许有严重变形或扭曲。挖补叶片的焊缝应平整光滑，无沙眼、裂纹、凹陷，焊缝强度应不低于叶片材料的强度。

（2）更换叶片。叶片磨损超过原叶片厚度的 1/2，但前后轮盘基本完好，则需要更换叶片。在更换叶片时，为保持前后轮盘的相对位置和轮盘不变形，不能把旧叶片全部割光再焊新叶片，要保留 1/3 旧叶片暂不割掉且均匀分布开，安装上 2/3 的新叶片后，再割掉余下的旧叶片换上新叶片，割下的旧叶片和换上的新叶片要对称进行，以防轮盘变形。

为了保持转子的平衡性，新做的叶片要重量一致且形状正确，如果有差异则应将同重的叶片对称布置，轻重叶片相间布置。叶片应先与后轮盘连接再与前轮盘焊接，安装位置要正确。

（3）更换叶轮。当叶轮的叶片和前后轮盘严重磨损不能使用时，需要更换叶轮。先用割炬割掉旧叶轮与轮毂连接的铆钉头，再将铆钉冲出。旧叶轮取下后，用细锉将轮毂结合面修平，并将铆钉孔毛刺锉去。

在装配新叶轮前，检查其尺寸、型号、材质，应符合图纸要求，焊缝无裂纹、砂眼、凹陷及未焊透、咬边等缺陷，焊缝高度符合要求。经检查无误后，将新叶轮套装在轮毂上。叶轮与轮毂的装配一般采用热铆，铆钉加热温度一般为 800～900 ℃。

（4）更换防磨板。叶片的防磨板、防磨头磨损超过标准须更换时，应将原防磨板、防磨头全部割掉。不允许在原有防磨板、防磨头上重新贴补防磨头、防磨板。新防磨头、防磨板与叶片型线应相符，并贴紧，同一类型的防磨板、防磨头的每块质量相差不大于30 g。焊接防磨头、防磨板前应对其配重组合。

（二）轮毂的检修

轮毂破裂或严重磨损时，应进行更换。更换时先将叶轮从轮毂上取下，再拆卸轮毂。

其方法可先在常温下拉取，如果拉取不下来，再采用加热法进行热取。

新轮毂的套装工作，应在轴检修后进行。轮毂与轴采用过盈配合，过盈值应符合原图纸要求。一般风机的配合过盈值可取 0. 01~0. 03 mm。新轮毂装在轴上后，要测量轮毂的瓢偏与晃动，其值不能超过 0. 1 mm。

（三）轴的检修

根据风机的工作条件，风机轴最易磨损的轴段是机壳内与工质接触段，以及机壳的轴封处。风机解体后，应注意检查这些部位的腐蚀及磨损程度。

检查轴的弯曲度，对于振动大、晃动瓢偏超过允许值的轴，必须进行检查。如果轴的弯曲度超过标准值，则进行直轴工作。

（四）轴承的检修

轴上的滚动轴承经检查，若可继续使用，就不必将轴承取下，其清洗工作就在轴上进行，清洗后用干净布把轴承包好。对于采用滑动轴承的风机，则应检查轴颈的磨损程度。若滑动轴承是采用油环润滑的，则还应注意由于油环的滑动所造成的轴颈磨损。

符合下列条件的轴承，要进行更换：

（1）轴承间隙超过标准；

（2）轴承内外套存在裂纹或轴承内外套存在重皮、斑痕、腐蚀锈痕且超过标准；

（3）轴承内套与轴颈松动。

新轴承需经过全面检查（包括金相探伤检查），符合标准方可使用。精确测量检查轴颈与轴承内套孔，并符合下列标准方可进行装配：

（1）轴颈应光滑无毛刺，圆度差不大于 0. 02 mm；

（2）轴承内套与轴颈之配合为紧配合，其配合紧力为 0. 01~0. 04 mm，当达不到此标准时，应对轴颈进行表面喷镀或镶套。

轴承与轴颈采用热装配。轴承应放在油中加热，不允许直接用木柴、炭火加热轴承，加热油温一般控制在 140~160 ℃并保持 10 min，然后将轴承取出套装在轴颈上，使其在空气中自然冷却。更换轴承后应将封口垫装好，封口垫与轴承外套不应有摩擦。

（五）风机外壳及导向装置的检修

（1）风机外壳检修。粉尘进入蜗形外壳后会改变流向，在离心力的作用下冲击蜗壳内壁造成磨损。风机外壳不轻易更换，对于易磨损的部位加装防磨板（护甲）以增强其耐磨性。机壳的保护瓦一般用钢板（厚度为 10~12 mm）或生铁瓦（厚度为 30~40 mm）、辉绿岩铸石板制成。外壳和外壳两侧的钢板保护瓦必须焊牢。如用生铁瓦做护板，则应用角铁将生铁瓦托住并要卡牢不得松动。在壳内焊接保护瓦及角铁托架时，必须注意焊缝的磨损。如果保护瓦松动、脱焊，应进行补焊；若保护瓦被磨薄只剩下 2~3 mm 时，则应换新板。风机外壳的破损，可用铁板焊补。

（2）导向装置检修。检查回转盘有无卡住，导向板有无损坏、弯曲等缺陷，导向板固定装置是否稳固及关闭后的严密程度，闸板型导向装置的磨损程度和损坏情况，闸板有无卡涩及关闭后的严密程度。根据检查结果，再采取相应的修理方法。因上述部件多为碳钢件，所以大都可采用冷作、焊接工艺进行修理。

　　另外，风机外壳与风道的连接法兰及人孔门等，在组装时一般应更换新垫。

【综合练习】

　　4-5-1　简述离心风机的检修重点。

　　4-5-2　什么情况下应更换离心风机叶片？

　　4-5-3　分析风机叶片超常磨损的原因。

任务六　风机的装复

【任务导入】

　　在进行风机的装复任务之前，首先需要对风机的结构和工作原理有一个清晰的了解。风机作为一种常见的动力设备，在工业生产中起着至关重要的作用，它通过叶轮的旋转产生气流，用于输送空气、气体或粉尘等物质。因此，在进行风机的装复任务时，必须确保每个零部件的安装位置准确无误，叶轮的旋转方向正确，以及各个连接部件的紧固状态良好。只有在这样的基础上，风机才能正常运转，发挥其应有的效果。

一、离心风机回装

　　（1）回装叶轮。检查轴上部件是否齐全，将轴键装入键槽，叶轮的轮毂加热至 100~120 ℃，用专用工具顶入主轴，冷却后固件。

　　（2）叶轮转子就位。将转子吊入轴承箱内，测量检查后扣好箱盖，相应部位进行密封。装复割掉的集流器，回装集流器上的密封圈，调整轴向间隙和径向间隙。

　　（3）回装机壳。将上机壳起吊就位，调整机壳与叶轮的径向间隙。间隙过大会影响风机出力，若间隙过小，严重时可能造成动静摩擦。

　　（4）联轴器找中心。联轴器找中心时，以风机的对轮为准。小风机可采用简易找中心方法，重要的风机须按照正规方法进行。

二、风机试运转

　　风机的试运转为：首次启动风机，待风机达到全速时，使用事故按钮使其停下，观察轴承和转动部件，确认有无摩擦和其他异常。试运转无异常情况后，可正式启动风机。

　　风机 8 h 试运转时，应注意以下几点：

　　（1）轴承振动值最大不超过 0.09 mm；轴承晃动值一般不超过 0.05 mm，最大不超过 0.12 mm；轴向窜动量应符合规定。

　　（2）轴承温度稳定，不允许超过规定值。滚动轴承的温度一般不大于 80 ℃，滑动轴承的温度一般不大于 70 ℃。

　　（3）挡板开关灵活，指示正确。调节控制风量、风压可靠正常，监视风机电流不超过规定值。

　　（4）风机运行正常无异声。

　　（5）各处密封不漏油、不漏风、不漏水。

　　（6）启动两台风机并列运行试验时，检查风机并列运行性能，两台风机的风量、风压、电流、挡板开度应基本一致。

【综合练习】

4-6-1　风机 8 h 试运转时的注意事项是什么？

任务七　转子找静平衡、动平衡

【任务导入】

转子找动、静平衡是泵与风机检修至关重要的环节。转子的平衡状态直接影响设备的运行效率、稳定性和寿命。转动机械在运行中的一项重要指标是振动，振动越小越好。转动机械产生振动的原因很复杂，其中以转子质量不平衡引起的振动最为普遍。尤其是高速运行的大质量转子，即使转子存在很小的质量偏心，也会产生较大的不平衡离心力，通过支承部件以振动的形式表现出来。

转动机械长时期的超常振动会导致金属材料疲劳而损坏，转子上的紧固件发生松动，间隙小的动、静部分会发生摩擦，产生热变形，甚至引起轴弯曲。

风机运转中的振幅应符合设备技术文件的规定，无规定时可按表 4-3 取值。

表 4-3　风机不同转速下的允许振幅值

转速/$r \cdot min^{-1}$	≤375	375~650	550~750	750~1000	1000~1450	1450~3000
振幅/mm	≤0.18	≤0.15	≤0.12	≤0.10	≤0.08	≤0.06

一、概述

转子可分为刚性转子和挠性转子两类。刚性转子是指在不平衡力的作用下，转子轴线不发生动挠曲变形；挠性转子是指在不平衡力作用下，转子轴线发生动挠曲变形。严格地讲，绝对刚性转子不存在，通常将转子在不平衡力作用下，转子轴线没有显著变形，即挠曲造成的附加不平衡可以忽略不计的转子，都作为刚性转子对待。

假设转子由两段组成，如图 4-24 所示。因质量不平衡产生的不平衡现象，有以下三种类型：

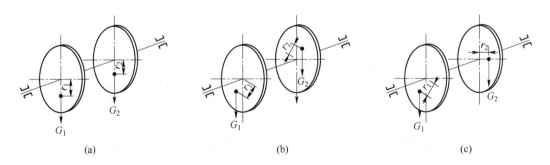

图 4-24　刚性转子不平衡的类型
（a）静不平衡；（b）动不平衡；（c）混合不平衡

（1）两段的重心处于转子的同一侧，且在同一轴向截面内，如图 4-24（a）所示。静止时转子重心受地球引力的作用，转子不能在某一位置保持稳定，这种情况称为静不平衡。

（2）两段重心在同一轴向截面内转子的两侧，$G_1r_1 = G_2r_2$，则转子处于静平衡状态，如图 4-24（b）所示。转动时，其离心力形成一个力偶，转子产生振动，这种情况称为动不平衡。

（3）两段重心不在同一轴向截面内，如图 4-24（c）所示。这种情况既存在静不平衡，也存在动不平衡，称为混合不平衡。

大多数情况下，转子不平衡都以混合不平衡的状态出现。

二、转子找静平衡

（一）转子静不平衡的表现

先将转子置于静平衡工作台上，然后用手轻轻盘动转子，让它自由停下来，可能出现下列情况：

（1）当转子的重心在放置轴心线上时，转子转到任意一个角度都可以停下来，这时转子处于静平衡状态，这种平衡称为随意平衡。

（2）当转子重心不在放置轴心线上时，有可能出现以下两种情况：

1）若转子的不平衡力矩大于轴和导轨之间的滚动摩擦力矩，则转子就要转动，使转子的重心处于下方，这种静不平衡称为显著静不平衡。

2）若转子的不平衡力矩小于轴和导轨之间的滚动摩擦力矩，则转子有转动的趋势，但不能使其重心位于下方，这种不平衡称为不显著静不平衡。

（二）找静平衡的准备工作

（1）静平衡台的准备。静平衡台的结构及轨道截面形状如图 4-25 所示。静平衡台应有足够的刚性。轨道工作面宽度应保证轴颈的轨道工作面不被转子压伤。对于 1 t 的转子，其工作面的宽度为 3~6 mm，对于 1~6 t 的转子，其工作面的宽度为 3~30 mm。轨道的长度为轴颈直径的 6~8 倍，其材料为碳素工具钢。轨道工作面应经磨床加工，其表面粗糙度不大于 $Ra\,0.4\,\mu m$。

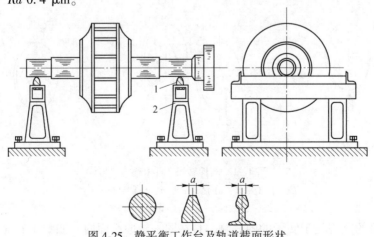

图 4-25　静平衡工作台及轨道截面形状
1—轨道；2—台架

静平衡工作台安装后，需对轨道进行校正。轨道水平方向的斜度不大于 0.1～0.3 mm/m，两轨道不平行度允许偏差为 2 mm/m。静平衡台的安放位置应设在无机械振动和无风的地方，以免影响转子找平衡。

（2）转子。转子表面应清理干净。转子上的全部零件要组装好，不能有松动。轴颈的圆度误差不超过 0.02 mm，圆柱度误差不大于 0.05 mm。轴颈不允许有明显的伤痕。若采用假轴找静平衡时，则假轴与转子的配合不得松动，假轴的加工精度不得低于原轴的精度。

转子找静平衡，一般在转子和轴检修完毕后进行。找静平衡结束后，转子与轴不应再进行修理。

（3）试加重。在找静平衡时，需要在转子上配加临时平衡重，称为试加平衡重，简称试加重。试加重常采用胶泥，较重时可在胶泥中加铅块。若转子上有平衡槽、平衡孔、平衡柱，应在这些装置上直接固定试加平衡块。

（三）找静平衡的方法

1. 两次加重法找显著静不平衡

（1）找出重心方位。将转子放在静平衡工作台上，往复滚动数次，则重的一侧必然位于正下方。如果数次的结果均一致，则下方就是转子重心 G 的方位，将该方位定为 A，A 的对称方位即是轻点方位，定为 B，即试加重的方位，如图 4-26（a）所示。

（2）第一次试加重量。将 AB 转到于水平位置，在 OB 方向半径为 r 处加一平衡重 S，使 A 点向下自由转动一个角度 θ，θ 一般为 30°～45°，如图 4-26（b）所示。然后称出 S 的数值，再将 S 放回原位置。

（3）第二次试加重量。将 AB 位置调转，仍转到水平位置，在 S 的基础上加一平衡重 P，使 B 点向下自由转动一角度，此角度必须与 θ 相等，如图 4-26（c）所示，然后取下 P 称重。

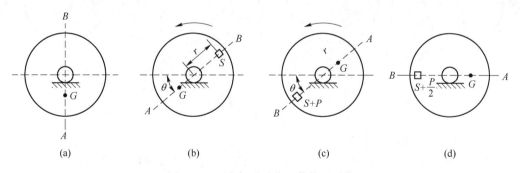

图 4-26 两次加重法找显著静不平衡

（4）计算应加平衡重。应加平衡重 Q 的数值如式（4-1）所示。

$$Q = S + \frac{P}{2} \tag{4-1}$$

（5）校验。将 Q 加在试加重位置，如图 4-26（d）所示，若转子能在轨道上任一位置停住，则说明该转子不存在显著静不平衡。

2. 秒表法找显著静不平衡

将不平衡的转子放在静平衡工作台上，由于不平衡重的作用，转子在轨道上来回摆动。转子的摆动周期与不平衡重的大小有关，不平衡重越大，转子的摆动周期越短，反之摆动周期越长，摆动周期与不平衡重的关系如下：

$$G = B \frac{1}{T_x^2} \tag{4-2}$$

式中　B——比例常数；

　　　T_x——摆动周期，s。

（1）找出重心方位。将转子放在静平衡工作台上，往复滚动数次，则重的一侧必然位于正下方。如果数次的结果均一致，则下方就是转子重心 G 的方位，将该方位定位为 A，A 的对称方位即是轻点方位，定为 B，即试加重的方位，如图 4-27（a）所示。

（2）测量最大摆动周期。在转子轻侧 B 加一试重 S，加重半径为 r，使 A 点向下摆动，用秒表记录摆动一个周期的时间，记为 T_{max}，如图 4-27（b）所示。

（3）测量最小摆动周期。在重心方位加同一试重 S，半径仍为 r，A 点向下摆动，记录一个摆动周期，记为 T_{min}，如图 4-27（c）所示。

（4）计算平衡重。应加平衡重 Q 的数值如式（4-3）所示。

$$Q = S \frac{T_{max}^2 + T_{min}^2}{T_{max}^2 + T_{min}^2} \tag{4-3}$$

（5）校验。将 Q 加在试加重位置，如图 4-27（d）所示，若转子能在轨道上任一位置停住，则说明该转子不存在显著静不平衡。

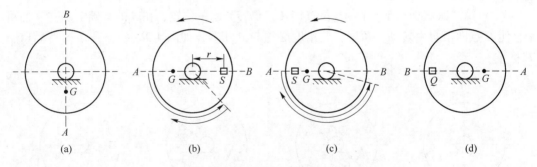

图 4-27　秒表法找显著静不平衡

3. 试加重周移法找不显著静不平衡

（1）将转子圆周分成若干等份，通常是 8 等分，并在各等分点标上序号。

（2）将点 1 的半径置于水平位置，并在点 1 上加一试重 W_1，使转子向下转动一个角度 θ，然后取下试重称重得 W。用同样的方法依次找出各等分点处的试加重时，必须使各点的转动方向一致转动角度相同，如图 4-28（a）所示。

（3）以试加重为纵坐标，加重位置为横坐标，绘制曲线图。曲线的交点的最低点为转子不显著静不平衡 G 的方位。曲线交点的最高点是转子的轻点，即应加平衡重位置，如图 4-28（b）所示。

（4）计算应加平衡重。应加平衡重 Q 的数值如式（4-4）所示。

$$Q = \frac{W_{\max} - W_{\min}}{2} \tag{4-4}$$

（5）校验。将应加平衡重 Q 加在转子对应位置的左右上，做几次试验，以求得最佳位置。

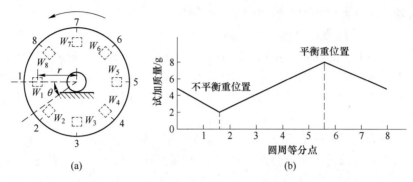

(a)　　　　　　　　　　　(b)

图 4-28　试加重周移法找不显著静不平衡

4. 秒表法找不显著静不平衡

（1）将转子圆周等分成若干等分，通常是 8 等分，并标上序号。

（2）将点 1 的置于水平位置，并在点 1 加一试重，使转子向下自由转动，用秒表记录转子摆动一个周期的时间。用同样的方法依次找出各等分点处的摆动。在测试时，必须使各点的试加重一致，加重半径不变，记录方式相同，如图 4-29（a）所示。

（3）根据各等分点所测的摆动周期绘制曲线图，纵坐标为摆动周期，横坐标为各等分点。曲线的最低点在横坐标上的投影点为转子的重心方位，其摆动周期最短，以 $T_{\min}$ 表示；曲线的最高点在横坐标的投影点为应加平衡重的方位，其摆动周期最长，记为 $T_{\max}$，如图 4-29（b）所示。

（4）计算应加平衡重。应加平衡重 Q 的数值如式（4-5）所示。

$$Q = W \frac{T_{\max}^2 - T_{\min}^2}{T_{\max}^2 + T_{\min}^2} \tag{4-5}$$

（5）校验。将应加平衡重加在与曲线最高点对应的转子位置上，加重半径为 r。

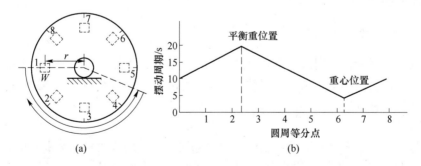

(a)　　　　　　　　　　　(b)

图 4-29　秒表法找不显著静不平衡

5. 试加重法与秒表法找静平衡比较

秒表法找静平衡的效果优于试加重法，尤其是找不显著静不平衡时，秒表法优点更突出。

（1）试加重法操作费时、费事，并且难于控制转子的转动角度，误差较大；

（2）试加重法时，轴颈在轨道上滚动的距离很短，约为 $\pi D/8$（D 为轴的直径）。秒表法时，转子来回摆动一个周期，轴颈滚动的距离要长得多，约为 $\pi D/1.5$。两者相比，试加重法对轨道的平直度和轴颈的圆度要求更苛刻。

6. 剩余不平衡重的测定和静平衡质量的评定

转子找好平衡后，往往还存在轻微的不平衡，这种不平衡称为剩余不平衡。

找剩余不平衡的方法与用试加重找转子不显著静不平衡的方法完全一致，通过测试得出转子各等分点中的一对差值最大的数值。用大值减去小值之差再除以 2，其得数即为剩余不平衡重。

剩余不平衡重越小，静平衡质量越高。实践证明：转子的剩余不平衡重在额定转速下产生的离心力不超过该转子质量的 5% 时，就可保证机组平稳运行，即静平衡合格。

三、转子找动平衡

对于由多个单体组合而成的转子，如多级水泵转子、多级汽轮机转子，应先分别对每个单体做静平衡，组装成整体后，再做动平衡。

（一）刚性转子找动平衡原理

（1）在一定角速度 ω（或转速 n）时，转子振动产生的振幅 A_0 正比于转子的不平衡重 G。

（2）振幅相位滞后不平衡力一个角度，称为滞后角 ϕ。在转速、轴承结构、转子结构一定的情况下，其滞后角是一个定值。

（3）当转子上有两个以上的不平衡力时，其合成振幅也是按各力产生的分振幅矢量相加。

（4）根据振动的振幅大小与引起振动的力成正比的关系，通过测试，求得转子的不平衡重的相位，然后在不平衡重相位的相反位置加一个平衡重 Q。平衡重 Q 产生的平衡振幅 A_0 与原始不平衡重 G 产生的原始振幅 A_0 大小相等，方向相反，组成的合振幅等于零，从而消除转子振动。

（二）转子找动平衡方法

对于低速动平衡，可用试加重周移法、三次加重法，不能采用测相法、测振法；对于高速动平衡，可用简单测相法（划线法）、闪光测相法（相对相位法），也可以采用低速动平衡的任何一种方法。

1. 简单测相法

此法是用划线的方法求取振幅相位，故也称划线法。划线法找动平衡简单、直观。

（1）在靠近转子的轴上选择一段长为 20~40 mm、表面光滑、圆度及晃动度均合格的轴段作为划线位置，并在该段上涂一层白粉。启动转子至工作转速，待转速稳定后，用铅笔或划针轻微地靠近，在该段上划 3~5 道线，线越短越好，如图 4-30 所示。同时用测振仪测量并记录轴承的振幅 A_0。停机后，找出各线段的中点，并将该点移向转子平衡面，此点即为第一次划线位置点，记为 A。

（2）选取试加重 P。

（3）自平衡面上 A 点逆向 $90°$ 得 C 点。在 C 点上加试加重 P，再次启动转子，进行二次划线，并将划线中点移至平衡面上，记为 B，同时测量并记录轴承振幅 A_1。

（4）作图。以实际加重半径按比例作圆，圆周上 A、B 两点为两次划线中点，C 点为试加重 P 的位置点，如图 4-31（a）所示。连接 OA、OB、OC，在 OA、OB 线上按比例截取 Oa、Ob 等于振幅 A_0、A_1，如图 4-31（b）所示。连接 ab，设 $\angle Oab = \theta$，由 OC 为始边逆转 θ 角至 D 点，则 D 点即为应加平衡重位置，如图 4-31（c）所示。

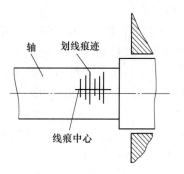

图 4-30　划线示意图

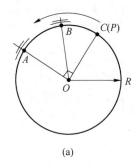 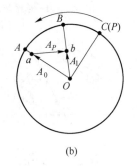 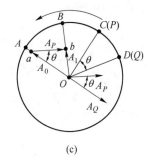

$$\text{(a)}\qquad\qquad\text{(b)}\qquad\qquad\text{(c)}$$

图 4-31　简单测相法找动平衡

应加平衡重的数值按式（4-6）计算：

$$Q = P \frac{Oa}{ab}(\text{g}) \tag{4-6}$$

（5）检验。将平衡重加在 D 点对应的平衡面位置，启动转子测量并记录振幅。若振幅合格，则找动平衡完成；若振幅不合格，可对应加平衡重 Q 的数值和方位进行适当调整。

2. 闪光测相法

闪光测相法是采用灵敏度较高的闪光测振仪同时测量振幅和相位。闪光测振仪通常由拾振器、主机、闪光灯三部分组成，工作时如图 4-32 布置。

测量前，在轴端面任意画一条径向白线，在轴承座端面贴张 $360°$ 的刻度盘。启动转子后，将闪光灯正对轴端白线处，当闪光灯频度与转速同步时，由于人眼的时滞现象，白线会停留在某一位置不动。此时，可根据轴承端面的刻度盘读出白线所在的角度，即相位角。在测试条件不变的情况下，当不平衡重的位置改变时，白线所表示的相位角也相应变化，其改变的角度相同，方向相反。

（1）启动转子后，测量并记录不平衡重产生的原始振幅 A_0 和白线显线的位置 Ⅰ 线。

（2）选取试加重 P。

（3）在转子上加试加重 P，启动转子，测量并记录合成振幅 A_1 和白线的显线位置

Ⅱ线。

（4）作图，求解应加平衡重 Q 的位置和数值。以试重半径按比例画圆，圆心为 O。标出Ⅰ线、Ⅱ线，并在Ⅰ线、Ⅱ线分别取 a、b 两点，使 Oa、Ob 与原始振幅 A_0 和合成振幅 A_1 成比例，如图 4-33（a）所示。连接 a、b 两点，则 ab 即是试加重 P 产生的振幅 A_P。Oa 与 ab 的夹角为 θ，如图 4-33（b）所示。将 A_P 平移至圆心 O，作出平衡重振幅 A_Q，则 A_Q 在转动方向上超前 A_P 的角度为 θ，试重圆上平衡重 Q 在转动方向上滞后于试加重 P 的角度为 θ。如图 4-33（c）所示。

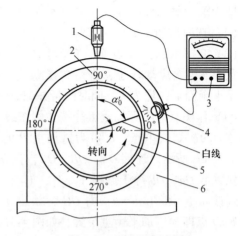

图 4-32　闪光测相布置

1—拾振器；2—刻度盘；3—闪光测振仪主机；
4—闪光灯；5—轴端头；6—轴承座

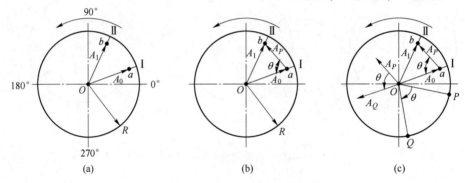

图 4-33　闪光测相法找动平衡

平衡重 Q 的数值按式（4-7）计算：

$$Q = P \frac{A_0}{A_P} \tag{4-7}$$

（5）检验。将平衡重加在对应的平衡面位置，启动转子测量并记录振幅。若振幅合格，则找动平衡完成；若振幅不合格，可对应加平衡重 Q 的数值和方位进行适当调整。

例 4-1： 用闪光测相法找平衡，已知原始振幅 $A_0 = 0.24\angle 100°$，试重 $P = 40$ g，加试重后测得合振幅 $A_1 = 0.28\angle 70°$，求平衡重 Q 的大小及位置。

解： 根据已知条件按比例作图，以点 O 为圆心，原始振幅为半径画圆，标出 A_0 和 A_1，根据 $A_1 = A_0 + A_P$，得出 $A_P = 0.14\angle 11°$，将 A_P 平移至 O 点，发现平衡重产生的振幅 A_Q 滞后于 A_P 的角度为 92°（逆转向），则在配重圆上平衡重 Q 超前于试加重 P 的角度为 92°（顺转向），如图 4-34 所示。平衡重的大小为：

$$Q = P \frac{A_0}{A_P} = 40 \times \frac{0.24}{0.14} = 68.6 (\text{g})$$

3. 试加重的计算及平衡块的配制

（1）试加重的计算。在转子找动平衡时，对试加重有以下要求：加试加重后转子的振幅与相位有明显的变化，以利于对平衡状态的分析。但是，试加重质量不宜过大，以免在试验时转子的振动过大。

在找转子动平衡时，由于影响转子振幅变化的因素较复杂，很难精确计算试加重的数值，只能进行粗略估算。

风机找动平衡时，试加重的计算如式（4-8）所示。

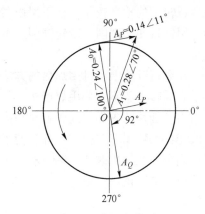

图 4-34 例 4-1 附图

$$P = 125 \frac{mA_0}{r} \left(\frac{3000}{n}\right)^2 \text{（g）} \qquad (4-8)$$

式中　m——转子质量，kg；

A_0——原始振幅，mm；

r——固定试加重的半径，mm；

n——转子转速，r/min。

（2）平衡块的配制。转子用试加重找好平衡后，必须将临时平衡重转变成永久平衡重，即平衡块。无论哪类转子，平衡专用的配制与固足应满足下列要求：

1）平衡块所产生的离心力应等于临时平衡重所产生的离心力。

2）平衡块的形状与大小要做到不使机体内动、静部分的间隙减小，即保证在运行过程中不发生摩擦。

3）平衡块的固定必须牢固，在工作转速下不会松动、位移，其自身要有足够的强度，转速高的转子不允许使用铝、铸铁等强度低的材料制作平衡块。

平衡块的配制与固定要根据转子的具体结构而定。大多数转子在平衡面上均专门设有安置平衡块的燕尾槽、T 形槽。将平衡块做成楔形安装在平衡槽内，并在两端加封以防止位移，如图 4-35（a）所示。平衡块在外形上不要凸出于轮端面。若平衡块较重，按槽的截面形状制作的平衡块难以平衡时，则要在保证转子动、静部分不产生摩擦的前提下，允许将平衡块加厚凸出轮端面，如图 4-35（b）所示。

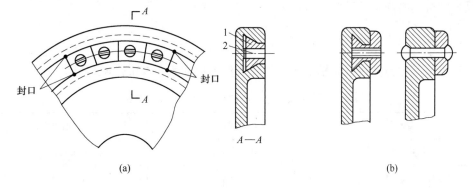

(a)　　　　　　　　　　　　　　　　(b)

图 4-35 平衡块的配制与固定

（a）平衡块的固定；（b）凸起的平衡块

1—平衡块；2—止头螺钉

若转子的轮盘较厚，在不影响轮盘强度的情况下，可以在加重的地方去掉一部分金属，用钻盲孔、铣削、砂轮磨削均可。用砂轮磨削时，由于磨削量很难准确计算，应特别慎重。

在风机叶轮上，可用焊接的方法固定平衡块。在施焊时，应注意防止转子变形。对于要求高的转子，不宜采用焊接法。

当平衡块的重心不同于临时平衡重的重心时，无论平衡块形状的改变，还是固定位置的改变，均要用有关公式计算，使平衡块产生的离心力等于临时平衡重所产生的离心力。若是固定半径发生改变，则可利用平衡块重与固定位置的半径成反比的关系，求出改变半径后应加的平衡块的质量，再固定在改变后的位置上。

【综合练习】

4-7-1　何谓显著静不平衡和不显著静不平衡？

4-7-2　按照图 4-26（c），为什么要将转子调转 180° 后，在 S 上再加一试加重 P？不调转 180° 行不行？

4-7-3　简述用秒表法找静平衡的工艺步骤。

4-7-4　在找静平衡时，为何秒表法优于试加重法？

4-7-5　用秒表法找转子不显著静不平衡时，为什么最小周期是转子的重心方位？

4-7-6　简述动不平衡产生的原因。

任务八　联轴器找中心

【任务导入】

联轴器找中心是汽轮发电机组及水泵、风机、磨煤机等转动设备检修的一项重要工作。联轴器的中心对准可以确保泵与风机之间传递的动力顺利传递，避免因不对中而导致的振动、噪声和设备损坏。在进行联轴器找中心的任务时，需要仔细测量和调整联轴器的位置，确保其轴线与泵与风机的轴线完全对齐。只有在联轴器找中心的任务完成后，泵与风机才能正常运转，保证设备的安全和稳定运行。因此，正确地进行联轴器找中心的任务对于泵与风机的检修至关重要。

一、联轴器找中心的要求

汽轮机及其他转动设备联轴器中心的允许偏差值如表 4-4 和表 4-5 所示。

表 4-4　汽轮机联轴器中心的允许偏差 （3000 r/min）

联轴器类别	端面偏差/mm	外圆偏差/mm
刚性联轴器	≤0.02~0.03	≤0.04
半挠性联轴器	≤0.04	≤0.06
挠性联轴器（弹性）	≤0.06	≤0.08
挠性联轴器（齿轮）	≤0.08	≤0.10

表 4-5　其他转动设备联轴器中心的允许偏差（端面值）　　（mm）

联轴器类别	转速				
	≥3000 r/min	1500~3000 r/min	750~1500 r/min	500~750 r/min	<500 r/min
刚性联轴器	0.02	0.04	0.06	0.08	0.1
半挠性联轴器	0.04	0.06	0.08	0.1	0.15

注：外圆允许偏差比端面偏差可适当放大，差值一般也不超过 0.02 mm。

二、联轴器找中心的目的和原理

联轴器找中心的目的是使相邻转子轴中心线的连线为一条延续曲线。因为相两个相邻转子的轴是用联轴器连接的，所以只要联轴器的两对轮中心是延续的，则两转子的中心线一定是一条连续的曲线。若是联轴器的两对轮中心是延续的，则必须满足下面两个条件：

（1）两个对轮中心重合，即外圆同心；

（2）两个对轮的结合面平行，即端面平行。

转动设备相邻转子所处的中心状态可通过状态图分析。图 4-36（a）所示为理想状态图，图 4-36（b）~（e）为特殊状态。实际状态多为不同特殊状态的组合，如图 4-37（a）所示。转子每一种状态都具有端面不平称和外圆不同心的两个特征，可通过调整电动机前后支点的高度加以解决。

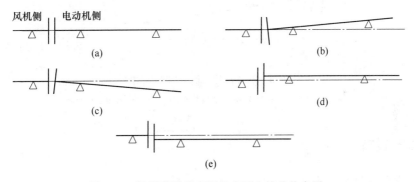

图 4-36　转子联轴器理想状态图和特殊状态图

如图 4-37（a）所示的实际状态，可分解为如图 4-37（b）和图 4-37（c）所示的两个特殊状态，则前支点、后支点的位置可以通过两个特殊状态图的位置进行合成。

$$X_1 = X_1' + X_1'' \tag{4-9}$$

$$X_2 = X_2' + X_2'' \tag{4-10}$$

已知对轮端面直径 D、电动机侧前支点至对轮中心距离 L_1、前后支点距离 L_2，用百分表测量对轮外圆的不同心度 a、对轮端面的不平行度 b。

由图 4-37（b）可得：

$$X_1' = X_2' = a \tag{4-11}$$

由图 4-37（c）的两个相似直角三角形可得：

$$X_1'' = -\frac{L_1}{D}b \tag{4-12}$$

$$X_2'' = -\frac{L_1 + L_2}{D}b \qquad (4\text{-}13)$$

$$X_1 = X_1' + X_1'' = a - \frac{L_1}{D}b \qquad (4\text{-}14)$$

$$X_2 = X_2' + X_2'' = a - \frac{L_1 + L_2}{D}b \qquad (4\text{-}15)$$

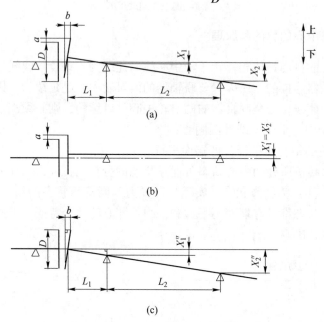

图 4-37　转子联轴器实际状态图

（a）实际状态图；（b）端面平行状态图；（c）外圆同心状态图

三、工作过程

（一）找中心的步骤及方法

1. 设备就位

修复后的设备进入安装就位前，首先应清理设备与机座结合面上的杂质和污垢，然后放入原有数量和厚度的垫片，保证原始记录基本不变。对于运行中振动较大、中心变动的设备或新设备，须在不放置垫片的情况下，重新检测设备与机座结合面的缝隙，检测可在设备吊入后。支点紧固螺栓未拧紧时，用塞尺测量设备与机座各支点接合面的缝隙，一般要求 0.03 mm 的塞尺不能塞入为合格。缝隙过大时应找出原因并进行修磨或垫入相应厚度的垫片，保证设备底脚与基础平台结合面接触情况良好、受力均匀。同时，对接后面垫片的数量和垫片的光滑及平整度也有规范要求。通常粗调时采用较厚的铜皮垫片，微调时采用较薄的磷铜皮制作的垫片。垫片最好做成 U 形，地脚螺栓卡在垫片的中间，垫片的数量一般控制在 4 片及以下。

2. 粗调工作

粗调就是将设备基本摆正。设备就位后，在专用测量工具进行找中心操作前，先用钢板尺顺轴线方向竖立在联轴器的外圆上，如图 4-38 所示。检查风机和电动机两联轴器，可能产生外圆高低和端面张口的情况，分析产生该情况的原因。通过初步调整联轴器的上下和左右位置，联轴器中心偏差控制在较小的范围内，有利于提高下一步精调时的操作精度和工作效率。

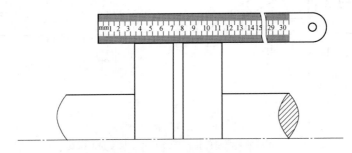

图 4-38 用钢板尺粗调操作示意图

粗调工作中必须做到以下两点：

（1）风机轴心线（基准设备）应略高于电动机轴心线（被调设备）。检查电动机在精调操作中是否有向下调整的余量，避免产生重复操作、靠硬性拧紧或拧松地脚螺栓进行找正的不当方法。因此，必要时在风机机座上预先加入一定厚度的调整垫片。

（2）风机轴心线与电动机轴心线在同一水平上的左右位置应基本一致。检查电动机在精调操作中是否有左右调整的余量。通常将电动机联轴器左右来回撬动一下，观察其露出风机联轴器两边的距离是否对称。偏差太多时，应松开风机的机座底脚螺丝重新摆正，避免在精调操作中，因电动机联轴器的左右位置调不到位而产生硬性或再次返工的可能。

3. 联轴器的检查与联接

转动设备找中心前，首先应检查联轴器在轴向位置的安装是否到位，联轴器与轴的配合有无松动，联轴器表面有无碰伤、刮痕，必要时进行修复，然后进行联轴器的连接。两联轴器连接时，应在联轴器的对称位置上安装两只专用销子，要求销子的一端与联轴器固定连接，另一端应与联轴器有足够大的空隙，以保证两联轴器圆周方向有一定的空行程。对于挠性联轴器，通常利用原有联轴器的联接螺栓，卸去弹性胶圈即可作为销子使用。联轴器联接时应符合有关技术规范，如联轴器有位置要求，应做好标记，避免找中心后产生较大误差。两联轴器接合端面应留有一定间隙，一般为 3~5 mm。按转动方向盘动联轴器，确认转子转动灵活，无卡涩现象。

联轴器找中心操作是设备检修完毕后进行两轴心线精细调整过程，操作中除了对较长转子有扬度的设计要求外，一般不用考虑单个联轴器可能存在的瓢偏和晃动。因为在找中心操作中，专用测量工具与设备联轴器是同步放置的，电动机前后支点的高低状态也是不变的，即使联轴器略有瓢偏和晃动现象，一般也不影响找中心质量。

4. 测量工具的安装

联轴器找中心的专用测量工具是桥规，桥规一般是自制的，其结构如图 4-39 和图4-40所示。安装测量工具时，先在联轴器上固定桥规，然后再装百分表。桥规应牢固，不歪斜。

采用百分表测量时，测量外圆时用一块百分表，其测量杆应垂直并通过转子轴心线；

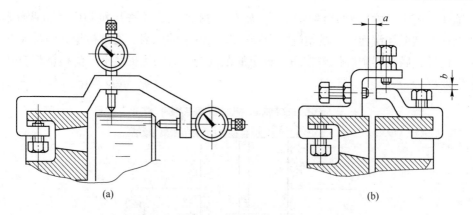

图 4-39   桥规结构（一）

（a）用百分表测量的桥规；（b）用塞尺测量的桥规

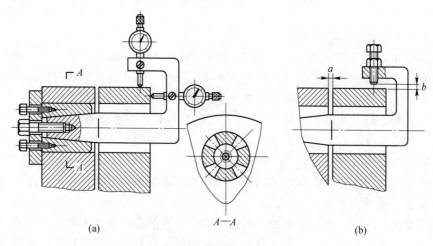

图 4-40   桥规结构（二）

（a）用百分表测量的桥规；（b）用塞尺测量的桥规

测量端面须用两块百分表，其测量杆与测量面应垂直，在端面的直径对称位置上，如图 4-41 所示。为了测量和记录的方便，百分表测量杆先压缩一段，即百分表小指针在量程 1/3～1/2 的位置上，大指针指向 "50" 刻度值。百分表测量杆与联轴器接触区域应光滑、平整。百分表装好后盘动转子数周，要求测量外圆的百分表指针复位，测量端面的百分表两表读数差值与起始读数差值相等。百分表的安装角度应有利于读数。

用塞尺测量时，需调整桥规的测位间隙。通常利用桥规上的百分表测量杆孔，可换上螺钉，用并帽固定。螺钉与联轴器接触面应留有一定间隙，间

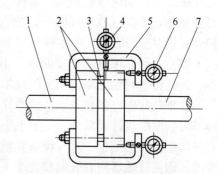

图 4-41   联轴器找中心百分表测量

1—风机（基准设备）；2—联轴器；
3—联轴器连接销子；4—外圆百分表；
5—桥规；6—端面百分表；
7—电动机（被调设备）转子

隙不宜过大，避免测量时塞尺数量过多而增加测量误差。但也不宜过小，防止盘动转子时螺钉直接与联轴器相碰，造成不必要的变形或损坏。间隙大小可试塞一定厚度的塞尺片再调整螺钉销紧，一般要求塞尺的重叠数量不超过 3 片，若超过 3 片，每增加 1 片，需加上 0.01 mm 的补偿值。

5. 数据测量及记录

盘动转子，使百分表处于上、下位置，并在预先画好的 0° 位置，记录各百分表读数 a_1、b_1'、b_3'；盘动转子 90°，记录各百分表读数 a_2、b_2'、b_4'；盘动转子 180°，记录各百分表读数 a_3、b_1''、b_3''；盘动转子 270°，记录各百分表读数 a_4、b_2''、b_4''；测量记录圆如图 4-42 所示。

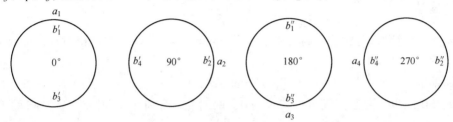

图 4-42　测量记录圆

记录圆代号如下：

（1）a_1、a_3 分别表示上、下位置联轴器外圆读数；

（2）b_1'、b_3' 分别表示 0° 时上、下位置联轴器端面上的读数；

（3）b_1''、b_3'' 分别表示 180° 时上、下位置联轴器端面上的读数；

（4）a_2、a_4 分别表示左、右位置联轴器外圆读数；

（5）b_2'、b_4' 分别表示 90° 时左、右位置联轴器端面上的读数；

（6）b_2''、b_4'' 分别表示 270° 时左、右位置联轴器端面上的读数。

将外圆读数和端面读数的平均值记录在平均值记录圆上，如图 4-43 所示。

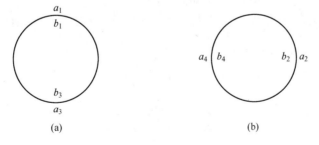

(a)　　　　　　　　　　　　　(b)

图 4-43　平均圆记录值

（a）上、下方向平均圆记录值；（b）左、右方向平均圆记录值

上、下方向平均圆记录值中的符号表示如下：

$$b_1 = \frac{b_1' + b_1''}{2} \tag{4-16}$$

$$b_3 = \frac{b_3' + b_3''}{2} \tag{4-17}$$

左、右方向平均圆记录值中的符号表示如下：

$$b_2 = \frac{b_2' + b_2''}{2} \tag{4-18}$$

$$b_4 = \frac{b_4' + b_4''}{2} \tag{4-19}$$

6. 计算偏差值

（1）计算上、下方向偏差值。

外圆偏差 $\qquad\qquad\qquad a_x = \frac{a_1 - a_3}{2} \tag{4-20}$

若 $a_x > 0$，电动机对轮位置高于基准侧设备对轮；若 $a_x < 0$，电动机对轮位置低于基准侧设备对轮。

端面偏差 $\qquad\qquad\qquad b_x = b_1 - b_3 \tag{4-21}$

若 $b_x > 0$，两对轮为上张口；若 $b_x < 0$，两对轮为下张口。则前、后支点的上下位置为：

$$X_1 = a_x - \frac{L_1}{D} b_x \tag{4-22}$$

$$X_2 = a_x - \frac{L_1 + L_2}{D} b_x \tag{4-23}$$

（2）计算左、右方向偏差值。

外圆偏差 $\qquad\qquad\qquad a_y = \frac{a_4 - a_2}{2} \tag{4-24}$

若 $a_x > 0$，电动机对轮偏左于基准侧设备对轮；若 $a_y < 0$，电动机对轮偏右于基准侧设备对轮。

端面偏差 $\qquad\qquad\qquad b_y = b_4 - b_2 \tag{4-25}$

若 $b_y > 0$，两对轮为左张口；若 $b_y < 0$，两对轮为右张口。则前、后支点的左右位置为：

$$Y_1 = a_y - \frac{L_1}{D} b_y \tag{4-26}$$

$$Y_2 = a_y - \frac{L_1 + L_2}{D} b_y \tag{4-27}$$

7. 转子中心状态图分析

转子状态图是指基准设备的转子中心位置确定后，被调设备转子所处中心位置的状态示意图，如图 4-44 所示。正确、合理的转子状态图能反映设备两对轮的端面偏差、外圆偏差和被调设备前后两支点调整量。通过绘制转子状态图的方法不仅可以掌握两转子中心、状态情况，还可以同时检验在找中心、工艺中的测量、数据整理、公式计算等环节的正确与否。在设备技术管理中，通过转子状态图分析和判断进一步掌握设备的轴承磨损、振动等运行情况和检修规律，有利于提高设备的运行和检修质量。转子状态图是设备检修技术文档中不可缺少的技术记录之一，准确、规范地绘制转子状态图是专业技术人员应具备的技能。

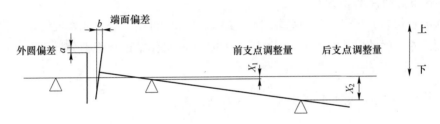

图 4-44　转子状态图示例

转子联轴器状态图绘制步骤如下：

（1）位置标记。在图的右上角标出能反映该状态图上下或左右位置的标记。

（2）基准设备。先画中心线，再简化绘制出基准设备转子。

（3）被调设备。根据端面偏差、外圆偏差、被调设备前后支点调整量的大小和方向，先找出各参数的位置点，用实线绘出。绘制过程中应注意线条的粗细、比例、角度，允许夸大画出。

（4）标注数据。清晰标出能反映被调设备对轮张口和高低情况的端面偏差值、外圆偏差值。标出前、后支点的调整方向和调整量。

8. 调整及复测

对于小型风机，其支点位置的上下方向调整可通过改变电动机与机座的结合面垫片厚度进行，左右方向的调整可通过电动机机座上的支头螺钉进行。

而对于大型转动机械，在找中心时，不能对机组位置进行调整，而是调整轴瓦的中心、位置。通常这类机械均采用可调式轴承。可调式轴承的下瓦一般有三块垫铁，左右两块为倾斜结构，计算相对复杂。

（1）当轴瓦上下方向调整 ΔH 时，两侧垫片的调整量为 $\Delta H\cos\alpha$。如图 4-45（a）所示，两侧垫片增加 $\Delta H\cos\alpha$，正下方的垫片增加 ΔH。

（2）当轴瓦左右方向调整 ΔL 时，两侧垫片的调整量为 $\Delta L\sin\alpha$。如图 4-45（b）所示，左侧垫片增加 $\Delta L\sin\alpha$，右侧垫片减少 $\Delta L\sin\alpha$，正下方的垫片不变。

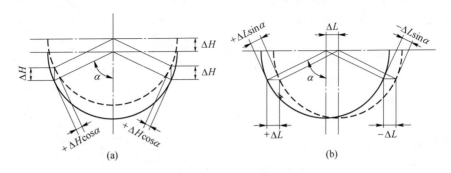

图 4-45　可调式轴承调整量计算示例

（3）当轴瓦上下、左右方向都需要调整时，可将上述两种调整量相加。如轴瓦向上、向右的调整量为 ΔH 和 ΔL 时，则左侧垫片增加 $\Delta H\cos\alpha+\Delta L\sin\alpha$，右侧垫片减少 $\Delta H\cos\alpha-$

$\Delta L \sin\alpha$，正下方垫片增加 ΔH。

根据中心状态分析量，先对联轴器中心调整，然后再用百分表或塞尺测量，若外圆误差和端面误差在联轴器找中心质量范围内，则找中心工作结束。否则分析原因，重新进行调整。

（二）测量数据产生误差的原因及注意事项

测量数据产生误差的原因有：

（1）轴承安装不良，垫铁与轴承洼窝接触不良，轴瓦经调整后重新装入时不能复原。

（2）外力作用在转子上，如盘车装置的影响和对轮临时连接销子卡涩等。

（3）百分表固定不牢或卡得太紧，测量部位不平或桥规的测位有斜度，桥规固定不牢或刚性差，百分表误读、误记，特别是数值变化大时。

（4）垫片片数过多，垫片不平、有毛刺或宽度过大。

（5）塞尺测量时，误读厚度。

（6）轴瓦调整装复时，未调整轴瓦紧力。

注意事项：

（1）盘动转子时，应确定连接对轮的专用销子不应有卡涩现象，两对轮圆周方向始终往一侧贴近，每次盘动方向和角度一致，并尽可能与设备运行方向相同，以保证百分表触点在同一区域内，以降低测量误差。

（2）记录读数时，当百分表处于对轮下方时，其读数有时不易直接看清，可借助于小镜子和手电筒读数。

（3）找中心检测时，严禁在支点未填实的情况下，利用紧固螺栓的紧力来凑数值。

（4）拧紧支点螺栓时，应左右对称、均匀施压，并至少重复拧紧一遍。尤其修前、修后两次拧紧的顺序和紧力相一致，最好始终由一个人负责。

（5）左右位置调整时，在有条件的情况下，应设置支头螺钉调整装置，如图 4-46 所示。严禁在支承点紧固的情况下用手锤敲击被调设备本体或地脚螺栓。

（6）找中心基本数据测量时，如对轮直径、前支点至对轮端面距离、前后支点距离进行测量，应尽量可能接近百分表触点、螺栓中心点，否则影响计算结果和调整精度。

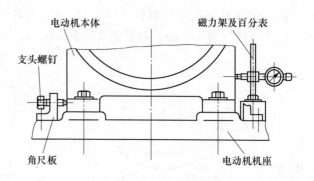

图 4-46　电动机左右位置调整

（7）风机或水泵设备找中心操作中，一般在上下方向位置调整结束后，再进行左右位置调整。如果先调左右位置，很可能在调上下位置加减垫片时，使调好的左右位置产生位移。但是，上下位置的调整也必须在左右位置基本摆正的情况下进行，否则会产生较大的测量误差。

（三）简易找中心

简易找中心适用于小功率的转动机械，如小容量风机、水泵等。

找中心前，检查联轴器两对轮的瓢偏与晃动及安装在轴上是否松动，如不符合要求应进行修理。然后将修理好的设备安装在机座上，并拧紧设备上的地脚螺丝。

找中心时，用钢板直尺靠两对轮外圆面，用塞尺测量对轮端面四个方向的间隙。每转动90°测量一次。

调整时，原则上调整电动机的地脚，垫片应加在紧靠电动机地脚螺丝两侧，形状最好选择U字形。垫好后设备的四脚和机座之间应无间隙。

例4-2： 某风机对轮找中心，已知对轮直径$D=400$ mm，电动机前支点距离对轮端面$L_1=500$ mm，电动机前后支点距离$L_2=800$ mm，两对轮为上张口，偏差为0.20 mm，电动机侧略高于水泵对轮0.15 mm。求电动机前、后支点的调整量。

解：

以风机侧为基准，则上下方向的对轮外圆端差$a=0.15$ mm，端面偏差$b=0.20$ mm。

电机前支点位置：

$$X_1 = a - \frac{L_1}{D}b = 0.15 - 0.2 \times \frac{500}{400} = -0.1(\text{mm})$$

$$X_2 = a - \frac{L_1 + L_2}{D}b = 0.15 - 0.12 \times \frac{500 + 800}{400} = -0.5(\text{mm})$$

则电动机前、后支点分别垫高0.1 mm、0.5 mm。

【配套实训项目建议】

（1）离心风机的拆装及测量。

（2）风机转子找动平衡。

（3）风机转子找静平衡。

（4）风机联轴器找中心。

【拓展知识1】

检修安全风险管理

（一）检修主要任务

火力发电厂的设备检修是提高设备健康水平、保证安全和经济运行的重要措施，火力发电厂作为电力生产企业，必须把检修工作作为企业经营管理的一项重要工作内容来抓紧抓好。根据电力工业特点，要掌握设备规律，坚持以预防为主的计划检修，不能硬撑硬挺带病运行；坚持"质量第一"，做到应修必修，修必修好，使全厂设备经常处于良好状态。检修工作要贯彻挖潜、革新、改造的方针，在保证质量的前提下，全面实现多、快、好、省。努力做到：

（1）质量好。经过检修的设备能保持长期的安全经济运行，检修间隔长，临检次数少。

（2）工效高。检修工期短，耗用工时少。

（3）用料省。器材消耗少，修旧利废好。

（4）安全好。不发生重大人身、设备事故，一般事故也少。

检修工作要建立明确的责任制，有一支具有严格劳动纪律、过硬技术本领、优良工艺作风的检修队伍，保证检修任务的顺利完成。运行人员要用好设备，并且参加检修，熟悉设备；检修人员要熟悉运行，修好设备。两者要密切配合，加强协作。要围绕生产关键环节，开展技术革新和技术革命，不断提高检修质量，改进设备，改进工艺，改进工具，提高检修水平。

（二）检修工作过程

1. 修前准备

（1）检修管理基础工作。火力发电厂和专业检修公司应做好检修管理的基础工作，从实际出发，为生产服务，讲求实效，防止烦琐。

（2）原始管理资料的准备。在检修生产开始前要重点做好如下工作：

1）有关检修的规定和制度。

2）设备技术状况和原始资料的管理。

3）有关检修技术资料和图纸的管理。

4）检修工具、机具、仪器的管理。

5）材料和备品配件管理。

6）人工、材料消耗额资料的积累。

7）各项技术监督。

8）建筑物、构筑物的管理。

9）有关质量标准。

10）各班组小指标评比资料。

（3）建立健全现场管理的规定和制度。火力发电厂和专业检修公司在检修过程中应贯彻检修规程和行业有关规程制度，还应在检修生产开工前根据具体情况建立健全现场管理的规定和制度，如检修质量标准、检修工艺方法、验收制度、设备技术状况管理制度、设备变更管理办法、图纸资料管理制度等，并应认真贯彻执行。

（4）掌握设备缺陷。火力发电厂和专业检修公司及时掌握设备缺陷，分析和监督设备技术状况的变化，做好设备技术状况的鉴定和评级工作，积累经验和材料，以指导检修工作。对于建筑物、构筑物，应定期观测、检查，做好记录，加强管理。

（5）检修工具、机具和仪器仪表的准备。火力发电厂和专业检修公司应根据检修工作的需要充实必需的检修工具、机具和仪器仪表，加强保养，正确使用。贵重和精密的仪器仪表，以及非经常使用的特种机具，可根据情况集中保管和使用。

（6）材料和备品配件的准备。火力发电厂和专业检修公司应根据检修工作的需要，储备必需的专用材料和备品。检修过程中管好材料和备品配件，并将检修换下来的轮换备品及时修复。

2. 检修人员准备

检修人员技术水平的高低、解决问题的能力、工作责任心、工艺风格等，在很大程度上影响着检修工作的完成。所以，检修人员必须提高自身素质，保证检修工作的质和量。

　　为了高质量地完成检修工作，检修人员必须具有以下素质：

　　（1）掌握热力设备的特性，摸清各种零部件损坏规律，通过检修及时排除故障，保障热力设备处于完好状态。

　　（2）必须具有高度的职业责任感，爱岗做岗，严格执行工艺规程，保证检修质量。

　　（3）尽量采用新工艺、新技术、新方法，积极选用新材料、新工具，提高工作效率。

　　（4）节约原材料，合理使用原材料，避免错用、浪费，及时修好换下来的轮换备品和其他零部件。

　　（5）要有过硬的技术，达到"三熟""三能"的目标。

　　"三熟"是：1）熟悉系统和设备的构造、性能；2）熟悉设备的装配工艺、工序和质址标准；3）熟悉安全施工规程。

　　"三能"是：1）能掌握钳工手艺；2）能干与本职工作密切相关的其他一两种手艺；3）能看图纸并绘制简单的零部件图。

　　根据工作需要，检修人员要逐步学会几种手艺（如起重、保温、简单的电焊和火焊、简单的电气工作等），达到"一工多艺"和"一专多能"，提高检修工效。

（三）检修工艺纪律

1. 通用检修工艺纪律

检修过程中通常应该按表4-6的要求"必须做到"和"不准做"。

表4-6　通用检修工艺纪律

序号	必须做到的项目	不准做的项目
1	进入现场必须戴安全帽，帽带必须系牢固	严禁不戴安全帽进入现场，不准将帽带盘入帽内
2	高空作业必须扎安全带，安全带生根点应牢固可靠，不能生根在搭设的脚手架或梯子上，严禁高空抛掷，防止高空落物	不准冒险违章作业
3	检修时掀开的沟道盖板或拆除的栏杆必须装设临时围栏，室外还必须装设警示灯，修后必须恢复原状	不准敞口，恢复后不准缺少部件
4	检修现场，特别是通道上的盖板要坚固并与周围地面平齐	盖板不允许晃动，不允许高出或低于周围地面
5	检修现场，特别是夜间有工作的地方，照明必须充足	不准在照明不足的地方工作
6	拆装设备时，必须选用合适的工具	不准用其他工具代替
7	在水磨石、瓷砖地面上有检修工作时，地面上必须全部铺上胶皮	不准在地面上直接进行工作
8	检修工作必须做到工完、料净、场地清	不准在现场遗留检修杂物，不准有油迹、积水、积灰
9	检修后的设备必须擦拭干净	设备上不准留有灰尘、油迹、杂物
10	设备检修后，必须恢复标牌、名称、介质流向、转动方向、开关位置等各种标志	不准丢失和漏装
11	现场移动设备、工器具时，必须用行车、手推车或人力搬运	不准在地面上直接拖拉

序号	必须做到的项目	不准做的项目
12	设备、系统、保护定值，操作方式变更或恢复后，必须向运行人员写出书面交代	交代不清，设备不能投入运行
13	检修后的临时电源必须接在固定的电源盘上，电线摆放必须整齐，多余的电源线必须盘好	不准接在运行设备的电源盘上
14	电源箱必须关闭严密	接线不准影响门的开关
15	临时电源线穿过通道时，应架空。如果放在地面上，必须有防止被碾压或被划伤的措施	不准直接放在通道上
16	大、小修外以及大小修在未移交设备上的检修工作必须办理工作票	不准无票作业
17	外包工、临时工在现场工作时，必须有正式工监视、指导	无监护人不准工作，监护人不准干与监护无关的工作
18	设备操作、调整、检修时，必须站在地面、平台或梯子上	不准踩踏设备或保温、铁皮
19	检修拆下的零部件必须妥善保管	不准丢失、损坏
20	现场设备、系统变更、逻辑回路修改后，必须及时修改规程、图纸	不准现场修改与规程、图纸不符
21	现场消缺必须 2 人以上，工作前必须办理工作票并做好有关措施后方可工作	不准无票作业
22	进入人孔、容器，井、沟、隧道内部工作，必须有 2 人以上，且门口须有 1 人监护	

2. 设备检修工艺纪律

检修作业中应该按照表 4-7 的要求"必须做到"和"不准做"。

表 4-7　设备检修工艺纪律

序号	必须做到的项目	不准做的项目
1	设备管道的阀门或封盖拆下后，门盖法兰或管口必须用铁皮、硬板或专用堵板封堵，并加贴封条，同时做好封堵前、后的详细记录	管道不准敞口，不准用棉纱、破布塞堵
2	检修时拆下的油管道、管口必须用堵板或布、塑料布包扎好，并做好防止管道内存油漏至地面的措施	不准敞口，不准用破布、棉纱或木塞封堵，不准管道内积油漏至地面
3	检修拆下的螺栓、齿轮和轴等必须放置在木板、胶皮垫、专用架上或零件箱内	不准随便放在水泥地面上，且不准磕碰
4	起重用的钢丝绳、若捆绑在金属或水泥梁柱上的棱角处时，必须用木块、胶皮或麻布垫在中间	不准不加垫块直接捆绑在梁柱上
5	拆装轴承、对轮等有紧力的部件时，必须用专用拆装工具或用铜棒敲打	不准用手锤或其他铁件直接敲打
6	焊接承压部件时必须用引弧板引焊，焊工要打钢印代号	不准在承压部件上引焊，不准焊后不打钢印

序号	必须做到的项目	不准做的项目
7	解体后的变速箱盖，轴齿轮必须用木板垫好，下班时用塑料布盖好	不准直接放在水泥地面上，不准裸露或碰伤
8	检修拆下的零部件必须放在板、胶皮垫或专用架上	不准乱堆乱放
9	重要部件的接合面，必须用篷布、胶皮或木板等遮盖保护	不准裸露磕碰
10	拆开后的管口、疏水口必须及时封堵，并进行登记，取出时要注销	不准敞口，不准用棉纱、破布堵塞
11	热套装部件必须按工艺要求进行	不准随意用火把烤，不准过热
12	拆装设备必须按工艺要求施工，较复杂的零部件拆卸时，必须做记号，重要部位的数据必须测量两遍以上	不准盲目乱拆，不准盲目敲打硬撬，不准以一次测量的数据为准
13	各种密封材料、垫子，其材质、规格尺寸必须准确	不准滥用误用
14	用电焊进行转动机械焊接时必须另外加接地线	不准通过轴或轴承组成焊接回路
15	清理油箱、轴承室、轴瓦及油管路时，必须用面团、白布或绸布，各部位必须清理干净	不准用棉纱破布、不准留死角
16	辅机转动设备对轮找正时必须按工艺要求进行	不准用大锤敲击电动机的任何部位
17	拆卸润滑油系统设备及部件，必须将油放净	不准使油滴到地面上
18	润滑油系统部件检修清理时，必须在地面铺胶皮、塑料布，或把部件放在油盘内	不准把部件直接放在地面上
19	润滑油系统部件吊运时必须先把部件内积油清理干净，或封堵好可能漏油的地方	不准在吊运过程中将油滴落在地面或其他设备上
20	滤油时必须有防止跑油、漏油的措施	不准油流至地面上
21	滤油机及管道必须清理干净	不准将脏油带入油系统
22	油箱中加入不是同一批的油时，加油前必须进行油样分析和混油试验	不准注入未经化验的油
23	起吊设备必须在安全负荷以内使用	不准超载使用
24	起吊重物钢丝绳必须垂直	不准歪拉斜吊
25	起吊作业时，必须专人统一指挥，并有明显标志，且动作规范标准，吊车司机必须精力集中	不准多人同时指挥，不准使用不规范的手势信号
26	使用大锤时必须双手抓紧锤把	不准戴手套或单手抡大锤
27	使用凿子及磨光机时，必须戴防护眼镜	不戴眼镜严禁操作
28	工器具的手握部分必须干净、光滑	不准有油污、毛刺
29	使用高压清洗设备时，手必须紧握喷枪，喷嘴对准要清洗的部位，必须戴防护面罩	不准喷嘴对人
30	紧固法兰时，必须用力均匀，对称紧固	不准漏紧或过紧
31	对于有力矩要求的紧固件必须按规定的力矩和方法进行紧固	不准随意紧固
32	对于转动、振动、晃动等重要部件的连接，其紧固件必须加弹簧垫圈、止退垫圈或锁紧螺帽	不准直接连接螺帽

序号	必须做到的项目	不准做的项目
33	同一部件的连接螺栓、螺帽规格必须统一	不准混用不同规格的螺栓、螺帽
34	同一部件的紧固螺钉规格必须统一	一字头螺钉与十字头螺钉不准混用
35	连接紧固件必须齐全完整	不准缺少连接件，不准使用变形、缺角的螺帽，不准使用咬扣、缺扣的螺栓
36	吊运设备或零部件时，必须使用专用吊具	不准用其他东西代替
37	检修用的工器具、材料等必须摆放整齐	不堆放、乱摆
38	现场消防器材必须完整，摆放整齐	不准乱放，不准挪作他用
39	燃烧室、烟道封门前必须清点人数及工具	清点不清不准封门
40	所有设备、系统的接水盒、回水管必须清理干净，保证回水畅通	不准堵塞、溢水
41	所有管道必须固定牢固	不准造成管道振动、晃动
42	使用气割时，必须在被割物体下垫上垫板	不准在地面上直接气割
43	氧气和乙炔必须分开运送，使用间距必须大于 8 m	不准把氧气和乙炔放在一起

【拓展知识 2】

检修质量监控

（一）验收、试转、评价阶段

检修后的验收是检修质量监控的关键。必须注意以下四个问题：（1）全面复查检修项目；（2）认真执行"自检"；（3）严格三级验收；（4）做好运行专业验收。

1. 验收、试转、评价阶段

（1）验收。验收是对检修工作的检验和评价。只有在检修项目都经过分级、分段和总验收后，机组才能启动投运。

1）分级验收就是根据大修施工计划和验收制度，按项目的大小和重要件，确定某些项目由班组验收，如零、部件的清理等；某些项目由车间验收，如轴承扣盖等；某些项目由厂部验收，如重大特殊检修项目等。同时，按照 ISO 9000 质量保证体系预先确定的停工待检（H）点，必须提前 24 h 以书面形式通知有关验收人员，于某日某时到某地进行现场验收。

2）分段验收就是某一系统或某单元工作结束后进行验收。一般由车间主任主持，施工班组先汇报并交齐技术记录，然后到现场检查，提出验收意见和检修质量评价。

3）总验收就是在分段验收合格的基础上对整个检修工作的验收，检查对照大修施工计划项目是否全面完成，发现漏修项目或缺陷未彻底处理等应立即补做。验收应贯彻谁修谁负责的原则，并实行三级验收制度，以检修人员自检为主，同专职人员的检验结合起来。

（2）试转。机组大修后进行试转是保证检修安全、检验检修质量的重要环节。

（3）启动投运。机组大修经过车间验收、分部试转、总验收合格，并经全面检查，确定已具备启动条件后，由厂部制订启动计划。对于重大特殊项目的测试工作应列入启动计划，若机组启动正常，投入运行，则大修工作结束。

（4）初步评价检修质量。机组投运后3天，在班组、车间自查的基础上，由生产主管主持进行现场检查，并重点检查机组运行技术经济指标及漏汽、漏水、漏油等泄漏情况，提出检修质量初步评价。

（5）试验鉴定，进行复评。机组大修投运后1个月内，经各项试验（包括热效率试验）和测量分析，对检修效果的初步评价进行复评。

2. 总结、提高阶段

（1）总结机组大修结束，应组织检修人员认真总结经验和教训，肯定成功的经验，找出失败的原因。同时，由专职人员写出书面总结、技术总结和重大特殊项目的专题总结。

（2）修订大修项目、质量标准、工艺规程。在总结大修工作的基础上，组织检修人员讨论修订大修项目、质量标准、工艺规程，以便在同类型机组或下次大修时改进。

（3）检修后存在的问题和应采取的措施。机组大修后在运行中暴露的缺陷和问题，应制订切实可行的措施，根据繁简、难易和轻重缓急，组织力量消除缺陷，解决问题。对于本次大修未彻底解决的问题，组织力量专题研究，争取在下次大修中解决。

以上简单地介绍了检修管理的4个阶段，实际上是P（计划）-D（实施）-C（检查）-A（处理）全面质量管理循环在大机组检修过程中的应用，应用P-D-C-A管理有利于提高检修质量和管理水平，有利于提高电厂的经济效益，是一项值得推广的现代化管理技术。

（二）检修组织管理

检修通常包括大修、中修和小修，目前最新的分类方法是分为A、B、C、D四级检修，即为大修、中修、小修及临修。这四级检修都必须编制检修施工组织计划。编制检修施工组织计划时依据本厂机组检修规程，同时要结合机组在上次检修后设备运行状况，包括对设备运行动态管理的统计结果。

1. 检修施工组织计划

检修的组织计划包括如下内容：

（1）概况。

（2）检修计划工期。

（3）检修项目（标准项目和特殊项目）。

（4）检修组织措施。

（5）检修安全措施。

（6）检修技术措施。

（7）检修质量计划。

（8）检修进度计划。

检修施工组织计划简称为检修计划，是火力发电厂在检修管理中一个比较重要的环节，是体现发电厂现代化管理水平的一个方面，它包括检修成本管理、市场经营管理等重要内容。

2. 检修施工组织计划的各项具体内容

（1）概况。主要阐明如下内容：

1）机组的型号、主要参数、投产日期，已经经过多少次大、小修，本次检修属何种性质检修。

2）综合概述本次检修的标准项目和特殊项目的总数量。

3）概述本次检修总费用、标准项目费用、特殊项目费用等分项计划，以及总量控制目标。

4）概述本次检修的预期达到目标，包括检修质量目标、安全目标、技术经济及效益目标等。

（2）检修计划工期。指计划开工日期至竣工日期。

（3）检修项目。指具体的标准项目和特殊项目。

1）标准项目。根据本厂的检修规程中所规范的标准项目，进行减法调整。调整的依据是根据设备动态检修管理原则，即"该修即修，不该修的则不修"的原则。动态检修管理原则与传统检修管理有所不同，要改变过去的那些原则——对设备一到定期检修时间不管何种状态全部拆下解体检修的做法，现在试行动态检修管理的原则，就是说通过设备运行过程的在线监测手段得到的技术数据进行设备的寿命计算，来决定该设备该不该修、什么时间修、修什么，得到一个科学的结论。

2）特殊项目。根据监测结果，对某项设备（或设备中某项部件）的检修项目内容超出标准项目的内容，同时在项目检修工时和更换设备部件的费用等都超过标准项目的检修费用的项目都应列入特殊项目。

（4）检修组织措施。指在检修计划中确定本次检修（大、中修或小修）的领导机构、从第一责任人开始到技术、安全、质监、材料、资金等各层领导者和专职负责人所组成的组织机构，各层相应机构职责（权利、义务和责任）。

（5）检修安全措施。指检修中的安全防范措施，主要指在实际施工过程中在安全规程里未阐明的措施，特殊项目的专项安全措施、安全监督措施、对参与本次检修的所有外包检修队伍的安全监督措施。内容包括安全负责人、职责范围、措施内容、检查考核方法，包括奖惩办法等。

（6）检修技术措施。指项目施工方案，做好施工设计，其内容有施工图纸、备品备件、加工件图纸、施工所用的工具、施工工艺或工序、质量标准、验收方案（W、H验收点）、技术记录表格、试验项目及方法等。

（7）检修质量计划。明确项目在施工过程中所执行的质量标准、明确验收的操作实施办法、质量监督验收的组织机构、验收人员的职责、负责设备范围和数量等。

（8）检修进度计划。指在已明确施工工期情况下，制订检修实施进度计划表，明确全部项目各自的控制进度，分项检修进度控制与总进度控制的协调、分项检修过程的相互间的进度协调。

（三）检修作业指导书编制和使用

检修作业指导书是指为指导检修工作负责人完成指定的工作任务，由技术人员提供交检修工作负责人携带、保管、使用记录和补充的有关检修作业的书面文件汇总，最终形成管理工作的经验反馈及永久性的记录报告。

1. 检修作业指导书的作用

（1）检修作业指导书提供工作指令、明确工作项目、工作负责人、施工工期和进度，通过计划的跟踪和检查，及时掌握和最终落实其完成状态。

（2）检修作业指导书提供最新的供操作使用的程序，保证检修（包括调试、试验）工作按确定的工艺并在受质量控制的监督验证下完成，确保检修质量的可靠性。

（3）检修作业指导书提供必要的记录表格，以便操作者可以以统一和简便地记录表格记录检修过程中要求记录的设备状况和施工状态，为检修的工程提供数据统计资料。

（4）检修作业指导书提供在检修过程中发现的各种与正常工艺不相符、超越项目内容或新的缺陷的处理原则和操作步骤，使过程中超越计划和程序的部分得以再控制，并为工作总结提供经验反馈资料，同时可以作为工程完工的总结报告和关闭文件。

2. 检修作业指导书内容分类

（1）计划类。计划类检修作业指导书一般包括工作申请票、工作指令、工作许可证申请和设备试转申请，在实施过程中根据实际情况，检修负责人可以增补动火作业票、射线票、临时措施票，以及在必要时根据新的工作指令对同一设备补充工作票。这类检修作业指导书的编制原则要求应为保证对施工项目的检修、调试的过程及完成状态应得到确认。

（2）程序类。程序类检修作业指导书一般包括维修程序（工艺卡）、质量计划、安全风险分析单。必要时可以补充增加设备改进及系统改进图纸、系统图纸、安全技术措施、调试程序或措施等。

（3）记录类。记录类检修作业指导书一般包括技术记录表、检修报告页。在其他目的要求下，可以提供备品领料单、工日统计表、主材消耗记录等。记录表格可以是单独的，也可以随工作过程附在工作程序上或合并在工作程序上，但均应考虑到在整理完工报告时，该页可独立使用。

记录类表格的提供应充分考虑到现场的工作条件，不宜重复烦琐，应简明清晰，必要时与图和标准印证合用。

（4）异常类。异常类检修作业指导书有新发现项目报告、事件报告单、程序修改记录及经验反馈记录等，其中应对不合格检修项目报告的使用作出明确规定，并将其作为独立的控制点列入质量安全计划。

3. 常用项目的制定要求和执行的注意事项

（1）维修程序（工艺卡）。维修程序在现场基本有两种，一种是供直接操作的条文式结构，简洁明了，操作者按顺序执行即可，该类程序适合于技术难度和工作量不大及组合工作简单的设备检修；另一种是综合性参考性的程序，该类程序通常给操作的总体思路及某一独立部分的检修顺序和局部问题的处理方法，在配合工艺卡和验收记录表格时，适用于结构复杂、多模块的协作作业。

1）一般维修程序编制的要求。

①工艺卡按检修任务由准备人员编写，封面上内容必须反映机组及设备的名称编号，注明版本，需有编写人、审查人、批准人签字方能生效。

②内容页应针对本次检修的工作内容，写出检修项目、工序、操作工艺、质量标准并附有技术记录和检修报告页，设置必要的质量见证点（W、H 点）及施工单位质检人员和公司质监人员的签字栏。

③特殊项目按特殊项目的要求写，必要时应附设备的改进设计图纸、必要的技术措施和安全措施。

④结构复杂的设备最好能附设备结构图；需要专用工具的应写明专用工具的名称、数量；需事先准备备品的要写明备品名称和图纸编号，技术记录可在工艺卡内，也可单页抽出。

⑤简单的项目只要在工作令上写明工作任务，在工作令后附检修报告。工作负责人按工作令要求工作后填写检修报告后即作为检修客观证据保存，工艺卡可省略。

2）综合性维修程序的应用。为使综合性维修的程序（如检修工艺规程、产品维修说明）能进一步适用于现场的操作，首先应将其改编为一般的维修程序（工艺卡）。将原规程的适用对象缩小，以一个相对独立、工作时间较长的部件作为对象，考虑其适当的检修目的（如以检修为基本目的），编制出该维修程序或工艺卡，以保证在该阶段具有可操作性且便于验证。其次是将综合性维修的程序设计为技术记录表，根据其整体性设计一套完整的技术记录表格，再随工艺卡分发到各负责人工作包中，以便保持其完工报告的合理性。

（2）质量计划。质量计划一般属于必备的文件之一，应根据检修工序和其他要求确定的控制点制定，对复杂操作的质量安全计划，若整体编制，则应先确定总的关键步骤，围绕这些关键点编制和进行整体的质量控制。

1）质量计划编制和使用要求。按附件格式由质监人员会同检修单位专业技术人员在修前制订，经编写人、审查人、批准人签字后生效，并作为检修作业指导书文件交予工作负责人执行。

检修项目变更和补充要及时变更和补充质量监督计划，以确保有效控制检修质量。

2）设置 H 点的原则。出现质量问题但事后不能进行质量检验或检验非常困难的环节；出现的质量问题不能通过返工加以纠正或将花费巨大代价才能纠正的环节；验证是否符合工艺技术标准的关键环节；检查开工前先决条件是否具备的环节；确认工作结束的环节。

3）酌情设置 H 点、W 点的环节。根据以往经验，容易出现质量问题的环节；使用不常用工艺技术的环节；直接影响上述设置的 H 点能否顺利通过的环节。

4）新发现项目。新发现项目空白页表格，作为检修作业指导书文件，修前发给工作负责人，检修过程中发生新发现项目，工作负责人要按新发现项目管理程序及时填写新发现项目报告，履行报告、审批、隔离、纠正、验收、关闭手续。

5）设备试转申请单。修后要试转的设备，由准备人员在修前事先明确试转的有关要求，并在检修作业指导书内附设备试转申请单，交予工作负责人执行。

6）检修安全作业工作票（包括动火作业工作票、射线作业等）由工作票签发人在修前按《电业安全作业规程》中有关工作票的规定，在修前填好放在检修作业指导书内交予工作负责人执行。只有工作许可手续办妥，工作许可人批准工作后，才允许开工。

工作完工后要及时办理工作票终结，工作负责人收回工作票，随检修作业指导书交回检修单位。

4. 检修作业指导书内容清单

为使准备人员准备文件时不遗漏，并使工作负责人方便查阅检修作业指导书文件，检修作业指导书前应附检修作业指导书内容清单。工作负责人接收检修作业指导书时应核查清单内文件齐全无误并签字，质监人员修前根据质量计划要求先检查检修作业指导书，确认检修作业指导书文件齐备才能允许开工。

5. 检修作业指导书使用指南

现场检修必须使用经过审批、签字、盖章的检修作业指导书，以确保质量监理工作按程序进行，没有检修作业指导书或质量计划作现场指导，不得进行检修工作。

（1）检修作业指导书的使用。现场工作开工前，检修作业指导书的修前准备必须完成并逐项打钩，检修作业指导书必须随身携带。按检修作业指导书顺序开展检修工作，每完成一项要进行打钩。

每项检修工作必须符合标准，不符合标准必须进行处理，否则必须填报新发现项目申请。

对 W 见证点，必须按检修作业指导书规定的验收级别通过自检、班组技术员检查、公司专工检查合格并签字后方可电话通知验收人员检查。若验收人员因故不能到场，经许可，检修工作继续进行，验收人员事后补签。对 H 停工待检点则必须通过自检、班组技术员检查、公司专工同意，合格并签字后由公司专工事先向验收人员递交停工待检申请单，验收人员必须到场验收并在检修作业指导书上签字，否则检修工作不得进行。

每一个项目对应一个检修作业指导书，对同类型数台设备的检修，必须准备相等数量的作业指导书，以便对各台设备的 W、H 点见证及分别做好检修记录及检修报告。

检修作业指导书内容的填写及签字后存档。

检修作业指导书执行过程中，针对现场实际与检修作业指导书不符合或缺项，应随时加上脚注及补充，以便修后完善检修作业指导书。

（2）检修作业指导书的关闭。检查检修作业指导书的内容是否全部执行完毕；检查发现项目是否已按程序执行；检查检修记录是否准确，检修报告是否已经完成，检查试运行结果是否正确。确认上述文件合格后关闭作业指导书。

【拓展任务 3】

循环水泵检修文件

（一）循环水泵检修前的准备工作

制定检修前所需工作人员计划，物资备品及检修所需工器具计划（如表 4-8 所示），质量与技术监督计划（如表 4-9 所示），并按计划执行。制定安全风险分析及预防措施（如表 4-10 所示），并组织检修人员学习并执行。

表 4-8　资源准备

工作名称	88LKXA-30.3 型循环水泵		

工作所需工作人员计划

人员技术等级	需用人数	需用工时	统计工时
高级工	1		
中级工	2		
初级工	1		
助手			
合计	4		

工作所需物资，备品计划

序号	名称	单位	数量	单价	总价
1	破布	kg	50		
2	煤油	kg	20		
3	松锈剂	瓶	5		
4	盘根	kg	5		
5	生胶带	盘	1		
6	胶皮	kg	10		
合计					

工作所需工器具计划

序号	工具名称	型号	数量
1	梅花扳手	17/19	1 套
2	螺丝刀	200	2 件
3	敲击扳手		1 件
4	手锤	1.5 磅	1 把
5	剪刀		1 把
6	撬棍		2 件
7	百分表		1 个
8	表座		1 个
9	千分尺		1 件
10	铜棒		2 件
11	专用扒子		1 件
12	套筒扳手		1 套
13	重型套筒扳手		1 套
14	活扳手		1 套

以上准备工作已全部完成。

工作负责人（签字）：　　　　　日期：　　　年　　　月　　　日

表 4-9　质量与技术监督计划

工作名称	88LKXA-30.3 型循环水泵检修			
工作指令、质量计划、技术监督计划				
序号	操作描述	工时	质检点	技术监督	备注
1	修前准备	16			
2	电动机拆卸	32			
3	导瓦推力瓦检查	8	W1		
4	吸入喇叭口检查	16	H1		
5	更换循环水泵盘根	16	W2		
6	回装	12			
7	品质再鉴定	12			
8	功能再鉴定	12			

表 4-10　安全风险分析及预防措施

工作名称	88LKXA-30.3 型循环水泵检修			
序号	风险及预防措施	执行时间	执行情况	备注
1	碰撞（挤、压、打击）			★
	（1）戴好安全帽，穿合格的工作服			
	（2）在工作中戴工作手套			
	（3）必要时设置安全标志或围栏			
2	高空作业带来的风险			
	（1）高处作业均须先搭设脚手架或采取防止坠落措施，方可进行			
	（2）高处作业时下面应拉好围栏，设置隔离带，禁止无关人员停留或通行			
	（3）在脚手架周围设置临时防护遮栏，并在遮栏四周外侧配置"当心坠落"标志牌			
	（4）禁止交叉作业			
3	超重工作带来的风险			
	（1）起重人员在起重前检查索具			
	（2）要有专人指挥且起重人员要戴袖标			
	（3）起重过程中，重物下严禁站人			
4	异物落入设备的风险			
	（1）临时封堵拆除的人孔门			
	（2）设备回装前检查设备内干净无异物			
5	检修人员精神状态			
	（1）不能酒后作业			
	（2）遵守电业安全规程			

工作名称	88LKXA-30.3 型循环水泵检修			
序号	风险及预防措施	执行时间	执行情况	备注
6	临时电源带来的风险			
	（1）检修电源必须配置有漏电保护器			
	（2）临时电源使用前必须检查漏电保护器完好			
7	动火作业带来的风险			
	（1）工作负责人（或现场消防人员）应在收工后晚离开 1 h 等措施方法，来进一步检查现场，防止死灰复燃			
	（2）使用电气焊时，应清理周围可燃物，并做好防火措施			
	（3）油管道动用电气焊必须办理动火工作票			

以上安全措施已经全体工作组成员学习。

工作成员签字：

（二）开工确认

检查开工前准备工作，是否按计划执行，确保准备工作已做好。开工前工作确认表如表 4-11 所示。

表 4-11　开工前准备工作确认表

项目	开工前准备情况	确　认
安全预防措施	工作票内所列安全措施应全面、准确，得到可靠落实后，方可开工	
	工作现场照明充足	
	电气焊作业时，氧气瓶与乙炔瓶应竖直放置牢靠，且氧气瓶与乙炔瓶之间的距离不小于 8 m，工作现场做好防火措施，严禁吸烟	
	钢丝绳、千斤顶、专用扒子、倒链等起吊工具应检验合格后方可使用	
	设备已完全隔离	
现场工作条件	通风和照明良好	
	检修工作场地准备好	
	设置临时围栏、警戒绳	
工器具	常用机械检修工具齐全	
	干净塑料布、煤油、破布等	
备品备件	轴套	
	盘根	
	轴承	

【综合练习】

4-8-1　简答题

（1）简述刚性转子找动平衡原理。

（2）简述找中心的目的。

（3）简述联轴器找中心的步骤。

（4）秒表法和试加重法找静平衡孰优孰劣？为什么？

4-8-2 计算题

（1）用闪光测相法找高速动平衡时，测得不平衡重的振幅 $A_0 = 0.2$ mm，此时白线显现相位为 $120°$；加试加重 P（140 g）后，测得振幅 $A_{01} = 0.4$ mm，此时白线显现相位为 $60°$。试求应加平衡重量 Q 的大小及加重位置。

（2）一水泵对轮找中心，已知对轮直径 $D = 400$ mm，电动机前支点至对轮测点距离 $L_1 = 400$ mm，前后支点距离 $L_2 = 800$ mm。两对轮为上张口，偏差为 0.25，电动机侧对轮高于水泵对轮 0.2 mm，求电动机前支点 X_3、后支点 X_4 的调整量和调整方向，并绘制上下位置的转子状态图。

参 考 文 献

[1] 刘敏丽. 泵与风机运行检修 [M]. 北京：北京理工出版社，2014.

[2] 崔元媛，任俊英. 热力设备检修 [M]. 北京：高等教育出版社，2021.

[3] 刘宏利，王洪旗. 泵与风机应用技术 [M]. 北京：机械工业出版社，2012.

[4] 魏新利，付卫东，张军. 泵与风机节能技术 [M]. 北京：化学工业出版社，2011.

[5] 屠长环，刘福庆，王亚荣，等. 泵与风机的运行及节能改造 [M]. 北京：化学工业出版社，2014.

[6] 刘北苹. 锅炉设备检修 [M]. 北京：中国电力出版社，2012.

[7] 张本贤. 汽轮机设备检修 [M]. 北京：中国电力出版社，2014.

[8] 李涛，邹军华，赵凯. 泵与风机调速方式节能分析与经济性比较 [J]. 工程建设与设计，2019 (24)：115~118.

[9] 薛平智，刘学飞. 锅炉给水泵并联运行存在问题的分析探讨 [J]. 冶金动力，2011 (3)：52~53.